新一代基础设施

——后工业化时代的市政工程

[美]希拉里·布朗　著
孙晓晖　李德新　译

中国城市出版社

著作权合同登记图字：01-2016-8708号

图书在版编目（CIP）数据

新一代基础设施：后工业化时代的市政工程／（美）希拉里·布朗著；孙晓晖，李德新译.—北京：中国城市出版社，2018.3
书名原文：Next Generation Infrastructure
ISBN 978-7-5074-3154-4

Ⅰ.①新… Ⅱ.①希… ②孙… ③李…Ⅲ.①市政工程–基础设施建设
Ⅳ.①TU99

中国版本图书馆CIP数据核字（2018）第301784号

Next Generation Infrastructure—Principles for Post-Industrial Public Works

责任编辑：张鹏伟　程素荣
责任校对：党　蕾

新一代基础设施
——后工业化时代的市政工程
［美］希拉里·布朗　著
孙晓晖　李德新　译
*
中国城市出版社出版、发行（北京海淀三里河路9号）
各地新华书店、建筑书店经销
北京锋尚制版有限公司制版
北京圣夫亚美印刷有限公司印刷
*
开本：787×1092毫米　1/16　印张：12¼　字数：215千字
2019年2月第一版　2019年2月第一次印刷
定价：55.00元
ISBN 978-7-5074-3154-4
（904116）

目　录

序 言

大卫·W·奥尔

位于纽约市往北一小时车程的欧米伽学院里,运行着一个太阳能污水处理系统。系统外观和工作原理都与热带温室相类似,由约翰·托德和BNIM Architects建筑师事务所设计,日处理约189.27吨废水。该系统综合利用室内湿地与室外湿地来净化污水,而不使用氯、铝盐或其他化学制剂或化石燃料。利用动植物以及地球上一些最古老的生物体去除污水里的氮和磷,并将污染物转化为无害物质。这是智能生态设计、优质工程、全部成本经济学以及远见卓识的典范。然而欧米伽学院的污水处理设施仅仅是新一代设计应用于能源、水、交通和废物管理等系统的一个小例子而已。正如作者希拉里·布朗在这部书中所展示的那样,世界各地还有更多此类应用,带来基础设施的巨变,降低成本,同时提升适应力。

我们现有的基础设施,如污水处理厂、路桥、电网、管道、堤坝等正在迅速地老化衰败。美国土木工程师协会(The American Society of Civil Engineers,ASCE)估计,修缮或者替换这些现有设施,费用将高达3.6万亿美元。就算是出于资金成本原因,现在也该重新考虑设计、建造以及投资公共基础设施的方式。但是随着这些钢筋混凝土、线路管道年久失修,旧有的基础设施设计理念依据也即将随之一起坍塌。工业基础设施的设计者们在设计之初,假设价格低廉的能源供应源源不断;针对复杂问题采取单一目的的简单解决方法是卓有成效的;使用蛮力掌控自然确有必要;上述这些假设在贯彻执行时完全相信在有限的地球上经济会无限增长。这个范式致命的种种缺陷现今早已被大幅报道,日日不绝于耳的恶性事件新闻报道充斥在我们岌岌可危的生存体验中。

而一种全新的生态范式正在重塑设计者的思维方式,这些设计者所面对的诸多系统为我们提供所需的食物、能源、物质、交通、住房、垃圾回收以及安全。生态设计师和生态工程师的头等大事是要顺应而非违背自然进程和自然量。他们紧接着肯塔基作家温德尔·柏瑞（Wendell Berry）之后发问：这里有什么？大自然会允许我们在这里做什么？大自然会帮助我们在这里做什么？令人吃惊的是这些问题的答案，尤其是最后一个问题的答案，都是积极正面的，并且指明道路，通往更为节约成本、适应性更强也更可持续的基础设施建设。如果使用得当，基建系统的许多工程都可以由大自然来完成，且分文不花。大自然如何利用太阳光，净化垃圾，无需化石燃料或有毒化学制剂就能建造优雅的结构；这些具体知识正在改变人类各个系统的设计。例如仿生学、生态工程学和生态设计等新兴领域正悄无声息地改变建筑、工程、农业、林业、城市规划以及基础设施开发各个方面。

城市历史学家简·雅各布斯（Jane Jacobs）提出的生态设计准则简洁明了：（1）将自然视为标准而非征服的对象；（2）处理废弃物，使其成为其他生物的食物；（3）只使用可再生能源；（4）保护并增加生物多样性；（5）在这一代人以及后世之中均匀分摊成本和利润。从上述准则衍生出的操作规范有：（1）"寻求模式化解决方案"跨越传统学科分界和行政部门壁垒，使得每一个解决方案不只解决一个问题也不再产生新问题；（2）所设计的各个系统要适应冗余组成部分并可修复；（3）强调临近性，因此多为本地或者本区域供应链。

短期经济思维经常被当作低劣设计的借口。但事实是不管我们是否意识到这一点，我们迟早还是要投资兴建适应力强的可持续基础设施（还有许多其他项目）。生态方面不连贯的设计关涉人类健康，在恐怖袭击和天灾面前脆弱无助，气候变化、种种不公、丧失生物多样性以及过高的运营和维护成本，都已经令我们为之付出代价。若要为全生命周期成本负责，我们应该从更广阔的长远角度重新思考公共基础设施投资原则。首期低廉的成本并不代表着永久节约成本。可以避免的未来成本支出，包括像是飓风桑迪这样的天灾引发的损失，还是应该纳入基础设施预算中。增强适应性，在气候等不稳定因素面前不再脆弱无助，这样的投资行为可算是精明的使用公共和私人资金。关键在于我们不仅需要在投资兴建基础设施时富有创造力，在设计这些基建时同样需要创造力。

我们所设计并施工建设的交通、水资源管理和能源基础设施，能否减少对生态系统的损害，降低气候危机风险，并节省施工和维护成本开支？同时还要改善人类健康状况并为根基宽广的可持续繁荣打造经济基础？这是大有可能的。而且这种可能性并非遥不可及。希拉里·布朗在《新一代基础设施》一书中引用了数十个范例表明这样的设计技术已然存在，其在世界各地的应用也极富创见。新一代基建并非是富人享用的奢侈品。和网上天气预报一样，它无论贫富一视同仁、随处可见，无论是应对极端高温天气，持续时间较长的干旱天气，更凶猛的暴雨还是急速的狂风。我们将会需要这样新型的基础设施，能够更好地适应人类之前从未遭遇到的更大压力。

　　作为一名才华横溢的作者，希拉里·布朗将我们引向打造一个适应力强的社会中最重要的方面，尽管这点在大多数时候遭到忽视。布朗之前作为第一作者和合作者为纽约市出版了两部重要著作——《高性能施工指南》（High Performance Building Guidelines）和《高性能基础设施指南》（High Performance Infrastructure Guidelines）。在随后的设计、创作和教学生涯中，希拉里·布朗逐渐形成了非凡且颇具深度的远见卓识，并积累了经验。在我们编写的有关人类未来的叙事话语中，本书是不可或缺的一章，应该成为各个层面规划师、金融家和政府官员的必读书。

致 谢

　　因为我职业生涯中十分珍贵的一部分时光是在市政府渡过的，在此仅以此书致敬市政工程领域的多位同仁，不仅是我的灵感来源，更是我的精神导师。还要特别感谢迈克尔·辛格尔工作室的迈克尔·辛格尔和杰森·布莱格曼。早前的创作中蒙克里斯蒂娜·拉扎努斯和南希·莱文森不吝赐教，感激万分。多位朋友和同事伸出援手，支持我对于基础设施领域的兴趣，在此一并致谢：Andrea Woodner, Claire Weisz, Don Watson, Byron Stigge, Jim Russell, Bill Reed和Paul Mankiewicz.

　　对于接受采访的个人，作者在此一一致谢：David Burke, Paul Chamberlin, Christine Holowacz, Mark Horn, Dave Hyams, Penny Lee, Erika Mantz, Charles McKinney, Thomas Paino, Linda Pollack, Stephanie Reichlin, James Roche, Margie Ruddick, Anthony Shorris, Ken Smith, George Stockton, Laura Truettner, Jurgen van der Heijden, Peter Op 't Veld, Ariane Volz, David Waggonner和Kate Zidar.

　　我万分感激创作过程中以各种方式为我提供帮助的人：Rachel Spellman、Cara Turett、Miriam Ward。本书得到伯纳德与安妮斯皮策建筑学院基金的慷慨支持。这本书的出版还要归功于 Sandra Chizinski 敏锐的编辑能力，以及 Island 出版社编辑Heather Boyer 一如既往的支持。最后，我满怀爱意的将这本书献给我的兄弟Richard，还有我的侄儿Eliot和Nicholas。

第1章

引言：亟待大胆行动

> 如果我们对基础设施实行综合管理，那就会有充足的资源来改造城市……如果我们开始管理城市时，假设城市是一个有生命的生态系统，而城市当然真的是有生命的，或过去曾经是，而也理应如此。
>
> ——肯尼·奥苏贝尔
>
> 《大自然的运行指令：真正的生物技术》

2007年8月1日，明尼苏达州I-35W公路桥八车道中的四车道被封闭，以适应路基的维修。晚高峰交通车流被引导至剩下的四条开放车道，造成不对称应力，使得本来已经脆弱的桥梁支撑系统负担加重。桥的跨中坍塌时，当时正在桥面上行驶的111辆汽车，有17辆被甩进了距离桥面32.9m的密西西比河中，事故造成13人遇难，145人受伤。（见图1-1）。[1]

很快，人们开始认为I-35W公路桥的悲剧事故标志着曾经辉煌的州际公路系统破败不堪的现状——在许多批评者看来也标志着美国基础设施投资规模不断缩减。但这一悲剧性事故也呼吁公众关注更广泛的问题："优化复杂系统的各个单独组成部分"这样狭隘的关注点很可能损害整体的可持续性。

据美国国家运输安全委员会（the National Transportation Safety Board，NTSB）所作的评估，桥面坍塌主要原因，是连接桥梁钢桁架系统关键部件的钢板起初尺寸不足，危害了桥梁结构性冗余，即承受额外应力的能力。国家运输安全委员会还强调了其他四点：后加的桥面板使得桥梁结构自重增加[2]；安全检查人员通常更关注腐蚀和裂纹，因而未能注意到钢板细微的弯曲（照片上明显可见）是由结构应力造成的[3]；在坍塌事故发生前几个小时，修路所需物资，包括原材料、设备和施工人员，共270吨重，恰巧位于公路桥最薄弱的几个点；此外，数名交通调度员也在无意中给桥梁结构增加了负重。

图1-1 车辆滞留在I-35W密西西比跨河大桥坍塌的部分，明尼苏达州明尼阿波里斯市。2007年8月坍塌事故后四天（感谢美国海岸警卫队凯文·鲁菲达尔提供的照片）

然而在美国国家运输安全委员会提交的报告中，并没有涉及复杂系统的设计和管理中一个颇具共性的问题：对于整体的运转机制视而不见，无法认同。在上述桥梁坍塌事故中，对既有问题的了解很可能仅限于设计、修理、检查、维护和运营各个分开的部门之中。因此，我们可以说"行政部门壁垒"之间更优化的信息流动本可以导致不一样的结果，或许能够阻止悲剧的发生。如保罗·霍肯，阿莫里·B·洛文斯和亨特·洛文斯在《国家资本主义》中所发现的：

> 将系统中孤立的各组成部分最大化会搞砸整个系统……当你提升系统里每个部分效率的同时，实际上是降低了整个系统效率，原因在于没能正确的将各部分联系起来。如果各个部分设计的意图不是彼此协同工作，那它们会彼此对抗。[4]

本书探讨的是我们如何能够最优化，而非是"最差化"公共服务设施和资产——主要是能源、水资源和垃圾的管理。本书是几种思想的汇合。首先，倘若我们要为全球可持续性规划一条发展道路的话，必须先将碳排放量大和对生态有危害的科技从关键的基础设施系统中剥离出去，即对于当代社会至关重要的系统：水资源、废水、能源、固体垃圾、运输和通信。其次，我们有机会，通过系统化思维的力量来构想一个全然另类的未来，采取大胆的措施迈向那一可能性。最后，尽管我们拥有先进的科学技术，我们十分缺乏的是支持我们这样努力的政策和实施框架。

飓风桑迪一路横扫纽约—新泽西大都市区域，清晰地展示了城市基建系统在面对风暴来袭时极度的脆弱，这些天灾由于气候变化而变得越加频发，破坏力也越强。飓风桑迪尤其凸显了各基础设施部门间的相互依赖性。洪水淹没纽约市主干道和下水道；桥梁封闭；控制公共电力输送的变电站被关闭；煤气供应切断；街道、建筑物和整个街区被毁。数日甚至数周，由洪水引发的各类故障使数百万居民断电断水，无法供暖。

本书的一个前提是我们现行的基础设施的发展模式反映出工业化的世界观，即从便利、效率和官僚控制的角度，将基础设施系统中各个要素孤立起来。而与此相对的后工业的视角，则关注理解系统各个要素间的关系以及部分与整体之间的关系。从这点来看，能源、水资源和垃圾管理所谓的"硬件"本质上还是需要从生态角度来审视。新一代基础设施意味着超越分离式思维模式，转向整合式的新方法，来进行基础设施的规划、投资、建设、运营和维护。书中所列出的这些革新性的项目，从理念到设计所凸显的更多的是"结果驱动型"，而非"对象聚焦型"。这些创举也激励着我们前行，同时更加敏锐地感受宏观基础设施环境；从经济和环境背景出发考虑一个场地；在不同系统间共享资源，从而节约成本、扩大收益。通过系统化方法进行生命线服务，我们才能开始加速达成可持续性。

问题的严重性

菲利克斯·罗哈廷（Felix Rohatyn）在《大胆行动：我们的政府过去如何建造美国，而为何现在需要重建？》中讲述了美国历史上富于创见的基建投资——从横贯大陆铁路到巴拿马运河再到乡村电气化和州际公路——按时间顺序记载了每一次创举背后不同寻常的远见卓识和大无畏的领导精神，并着重描述了多重回报，尤其拉动经济增长方面。[5]如今我们势在必行，去维修和加固现存的基础设施；或者干脆全部重建。到底需要做什么？而又应该从何开始呢？

2009年，美国土木工程协会（the American Society of Civil Engineers）根据美国基础设施的妥善性和安全性给出平均等级D——而到了2013年评级被提升到了D+，都归功于增量投资的累积效果。而该协会2013年的报告中指出维修美国基础设施类固定资产并达到"良好"状态（基本上相当于B级）预计截至2020年将需要累计投资3.6万亿美元——这个金额还没有计算增长率或通货膨胀率。[6]下面是从几个近期发布的评估报告中摘录的要点：

- 美国每年由于系统渗漏和24万处主水管故障要损失6435200032.8m³饮用水。[7]要在20年内升级水资源输送、处理和存储的成本将高达3348亿美元。[8]
- 每年，由于暴雨和排污管一共造成超过7.5万次的污水泛滥，将3406870605.6m³未经处理的污水直接排放到美国各个水道中。[9]而估计在未来20年升级扩建污水和雨水系统的成本高达2980亿美元。[10]
- 重大供电故障次数从2007年的76次攀升至2011年的307次。[11]在2005～2009年期间，美国一共发生264次大规模断电事件。在未来20年，电力系统升级成本支出估计需要1.5万亿～2万亿美元。[12]
- 确保现有公共交通系统的安全和效率，则需要每年改善的投入在182亿～296亿美元（以2012年美元计算）。[13]
- 以2012年为例，当年全美11%的桥梁被评估为结构存在缺陷。在2028年之前维修或者替换不达标的桥梁结构，其成本估计高达760亿美元。[14]

美国基础设施投资主要来源是大约非国防开支总额的3.5%，而且自1976年以来基本没变，既滞后于发达国家，也比不上发展中国家。[15]尽管美国的国土面积大约是欧盟面积的2.5倍，在2010～2020年十年期间，美国平均每年基础设施开支约1500亿美元——不足美国国内生产总值的1%，而欧盟则是每年3000亿美元。[16]发展中国家的基础设施投资也同样超过美国：按照各国的国内生产总值比例计算，印度和中国在公共设施支出分别为8%和9%。[17]

2013年4月，时任美国总统奥巴马正在奋力争取美国基础设施投资——也是他重点关切之一——可能已经是第五次了。他的提案中包括一项500亿美元的经济刺激计划，主要基于运输交通方面的投资；还包括100亿美元的公共资金，通过新建的一个独立国家基础设施银行融资私人投资[18]——这些呼吁在力行紧缩政策的众议院屡屡碰壁。然而奥巴马总统的提议却和世界其他国家领导人的做法不谋而合。

一些美国人怕预先阻止基础设施投资，将会使美国丧失其经济和政治方面的竞争优势，因而振臂高呼行动起来。美国生命线系统衰败的状况未能引起公众的注意。基础设施维修和养护属于极没有吸引力的开支；政客们更愿意为投资的新项目剪彩，而不愿将资金投入基础设施养护；而这种倾向进一步损害现存系统的状况。因此，尽管灾难性的故障之后警报时不时响起，公众却毫无紧迫感——也根本认识不到基础设施系统是至关重要的生命线，关乎经济增长、公共健康和安全以及其他理想的社会目标。更不用说有任何人能够理解这些生命线与自然系统的完整性是如何产生直接或间接的联系。

大自然和基础设施

人类的生命依赖于大自然提供的各项生态服务——从水资源净化到垃圾处理再到自然灾害的管控。[19]这些服务源自生态系统：生物和非生物以共生状态存在，自我组织聚合，共享能源、信息和物质以互惠互利。

人造能源、水和垃圾等基础设施系统和自然生态系统一样，彼此紧密联系。[20]比如说，发电需要水来降温，而水资源输送和废水处理又需要电；发电仍需要铁路运输的煤。运输服务、水处理以及发电都依靠信息技术。[21]然而，自从工业时代到来，我们的惯例做法是将基础设施系统的各个组成部分分给不同部门，建制和管辖权全部归属各独立部门；并切断基础设施与自然生态系统服务之间的联系，而最终基础设施还是要依赖后者。

工业时代的范式在很大程度上导致了公共基础设施与生态系统服务的分离；而现今公共基础设施却依赖生态系统的服务。基础设施为公众提供的服务基本是隐形的；大多数在地面以下或是高高架起的高空——甚至几乎肉眼难以发现。电力、水、垃圾设施往往远离繁华居住区。人们很少会想起将公共服务、日常生活和环境联系在一起的网络：开灯的时候我们不会去想"污染严重的煤炭燃烧"；垃圾道或者垃圾箱也并不会令我们联想到大片垃圾填埋区的景象。

生态系统服务和人工公共服务系统之间存在着直接对应关系，尽管并非很容易发现。水过滤和水处理过程类似自然界的土壤渗透，为蓄水层和水库提供水源；也类似湿地的净化功能。与大自然的微生物分解相比，焚烧或者填埋垃圾则不那么完美。而我们"生产"能源，其实质是释放生物质中储存的太阳能。

在过去十年里飓风造成了前所未闻的损失，对于基础设施系统间的相互依存性和人工系统对自然系统的依赖性，我们不是加以抑制就是予以否认，这使得我们处境越发艰难。而进化式的后工业时代观点反映了与可持续性相联系的整体视角，更强调了相互联系而非分离。从这一角度出发，人造的世界栖居于自然世界，并依赖后者的健康与生产力。自然生态系统和人造基础设施绝不仅仅是离散对象的集合体，而是内嵌在网络中的不可缺少的运转组成部分，彼此共享能源、物质和信息。

当我们从工业时代的世界观转向后工业时代的世界观，问题不再是"我们如何领导自然？"而是"我们怎么利用基础设施系统与自然以及各基础设施系统之间的关联性？"[22]比如，倘若发电厂、污水处理厂和其他基础设施提供的服务是基于相互依存的生态模式，而不是分散的工业化模式，那会怎么样呢？

基础设施生态学

大自然的运作模式依赖于功能的整合而非分离。举例来说，我们知道，在其他作物附近种植豆科植物可以免去使用化肥；植树行距间隔开，在间隔空隙处种植伴随作物可以增加产量；在小麦、大豆或其他作物行间种植产坚果的树种有助于防风，稳固表层土。上述提到这些例子是从永续农业这门学科中找到的，基础设施领域与之类似：随着我们逐步认识到基础设施各系统间的关联性极有益处，共享的组成部分发挥一种以上的功能，或者能源、水或垃圾在其间交换——这产生的效率自然可为人所用。这种协同效应合在一起可以减少碳排放、节约资源、减少或消灭垃圾，并提供附加的公共益处。

正如永续农业实践的创建人之一大卫·霍姆格瑞所言，"整合之前分离的系统似乎成为后工业设计中的根本原则。"[23]这样的整合正是基础设施生态学的本质。基础设施生态学和永续农业学科一样，从大自然在不受干扰状态下自行运转的方式中得到启发：以针对特定环境的方式将资源和信息流动最优化。例如，生物系统——完全依赖太阳能——"串联"，或是在一个闭合回路中传递能源、水和营养素，不会残留垃圾废物。

产业共生（industrial symbiosis）这个术语于20世纪80年代末产生，用于描述革新式的方法，将能源基础设施、工业和其他商业实体搬迁至一处以互惠互利。"生态工业园区"经典案例位于丹麦的卡伦堡市，始建于20世纪60和70年代。当时是一些公共和私人实体的协作结果，他们背后是共同的利益：能源与资源的最优化使用（图1-2）。卡伦堡市的中心是一家燃煤发电厂，排出的废热可为温室、渔场和3500户家庭供暖。发电厂将多余的蒸汽和当地一家炼油厂和制药公司分享，去除承受水域的热能污染。从发电厂废气烟囱擦洗下来的粉煤灰替代了三分之二的原料石膏，原本也是隔壁工厂生产石膏墙板时需要的原料。药厂产生的废弃营养素留给当地养猪场作饲料；养鱼场的垃圾直接在当地作了肥料。这个垃圾清理和循环再利用的网络（2011年统计中包括22种不同的物质交换）为合作伙伴带来了新的收入；当时在这个交换式基础设施中投资6000万美元，现在每年可以节省1500万美元。更有

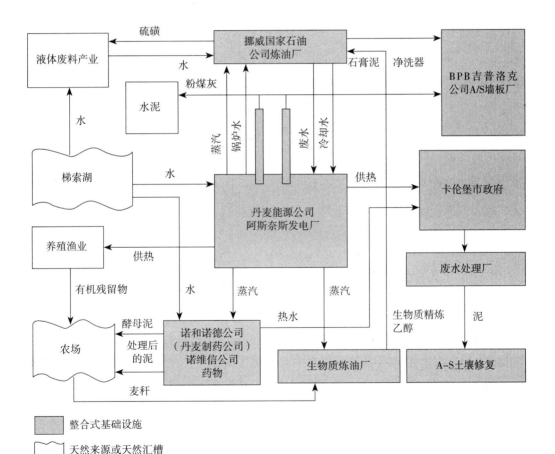

图1-2 卡伦堡共生体系。丹麦，卡伦堡（改编自雅各布森Jacobsen，2006，Domenech and Davies，2011）

甚者，每年的二氧化碳排放量减少64460吨，共节水390万m^3。[24]

卡伦堡互惠互利的交换网络提供了一个模型，在此将被称为后工业时代基础设施系统。这个术语突出了新的思考方式，人造系统是自然系统的延续，并依赖自然系统；同时二者也是相互依存，切忌凌驾于自然之上。采取一种后工业时代的观点也意味着少去关注具体对象，而更关注关系，更注重系统间的互惠性，更加语境化或"情景化"的知识，并且最终产生适应性更强的管理机构。

工业化范式的终结

构成美国经济支柱的基础设施服务至关重要，是现代工业时代的产物。但是这些"珍贵遗产系统"现在却面临着诸多挑战。第一，因为美国境内的绝大多数城市基础设施系统状况已经恶化，或者已经接近有效服务期；这就需要替换或者升级，耗资巨大。第二，碳密集和化学品密集型设施和处理过程污染我们的空气、水和土壤。第三，城市化的压力需要扩充现有设施或增加新设施——但是公众意识到可能产生的连带的债务负担和损害（还有公众对过去做法的失望），这使得恰当选址越来越困难。第四，现有基础设施结构和服务在面对极端天气、风暴潮、洪水和干旱时，已被证明是十分脆弱和不堪一击的；而科学家预测由于气候变化，这些天灾的发生频率和强度都会有所提高。或许为这些脆弱的系统带来更大风险的是我们有关基础设施根深蒂固的看法。将天然相互依存的基础设施各系统分成不相关联、自足的管理体制，我们扩大了系统的脆弱性，同时放弃了效率提高、成本节约以及其他宝贵的好处。

在2000~2001年间，加州居民经历了数次大规模停电，部分原因是干旱和热浪，部分原因是能源交易商操控电力价格，使得情况更加恶化。由于断电导致原油和天然气生产和流通的中断，令硅谷和加州西北部以冶金业为主的地方经济蒙受巨大损失。[25]卡特里娜飓风引起的电力中断关闭了墨西哥湾的输油管道，近10%的美国石油供应受到影响，美国经济也受到连锁效应的影响。[26]2007年一次极为严重的干旱导致了厄瓜多尔保特河上的水力发电设备无水可用，结果使得首都基多、瓜亚基尔和其他主要城市接连断电。[27]在2010年康涅狄格州的纽黑文城有记录以来最为炎热的七月，当地用水需求激增，还有灌溉用水，以及用于发电厂冷却塔和其他建筑的用水；导致给水总管流量增大，冲刷掉了水管上的沉积物，使得自来水管流出棕色的泥水，令人不安（尽管仍然可以使用）。[28]

当今世界受制于碳限制排放和不稳定气候的影响，相互依赖性越来越强的复杂基础设施如何能够继续支持这个正在迅速城市化的世界？这些至关重要的技术网络如何能够重新加以建构、变得更高效、减少对环境的破坏，同时提高适应性？本书致力于探讨的方法和举措，其核心就是这些问题。只有更好地理解不同基础设施服务体系之间的关联和潜在的协同作用，我们才能减少由于疏忽导致的破坏，同时利用具有建设性的系统间交流，从而降低成本，获得各系统交织共赢的益处——简而言之，将整体最优化。为了继续提供生命线服务，我们必须更高效地进行最优化。

本书的结构

本书中提到的替代范式呼吁更加多元化的、分散的以及相互关联的基础设施资产，即能够模仿自然系统行为的基础设施系统。在最佳状态下，此类系统应基于五条关键原则：

1. 系统应是多功能、相互关联以及有协同作用的。
2. 基础设施应尽量减少或消除碳排放。
3. 基础设施应与自然过程协调一致。
4. 基础设施应改善社会环境并为当地居民服务。
5. 基础设施应适应不稳定全球气候导致的可预测的变化。

接下来的各个章节依次强调上述五点（气候适应性用两章加以说明）；最后一章总结了新一代基础设施发展的政策方法。尽管书中每章列举的项目都阐明某项原则，但同时也有其他与后工业时代发展相关的属性。之所以选取这些例子是因为它们尤其具有代表性，能够阐明那一章节的原则重点。

第2章，"走向基础设施生态学"阐述的是规模经济、能源效率、减少垃圾和其他好处，前提是各项目都位于同一地点，设计时考虑到协同作用，身兼多重功能。第3章中探讨的项目，"让供热和能源变得绿色环保"，利用附近生物质、地热能、填埋区沼气或垃圾焚烧，或者将基础设施建于可再生能源或存储区附近，从而使能源组合多样化。通过能源生产分布——从而减少输送过程中损耗——这类方法也能够帮助我们达成"智能网络",即消费者也是生产者,帮助调控能源需求、最大化能效、提供后备能源,并且改善能源供应的整体稳定性。

第4章,"发展软路径水利基础设施",其中涉及的项目依靠自然或者生物工程系统进行本地化的水收集、净化、存储、处理和循环再利用。这些系统兼具净化空气、降温,以及消化垃圾并去除其中的毒素,同时促进生物多样性的作用。通过恢复自然系统的活力,此类做法也可以帮助抵消全球范围内的其他损失。第5章,"为基础设施正名",重点分析技术网络的社会背景,提出多个基础设施服务如何与社区和更广泛意义上的人文景观进行整合才更有益。第6章和第7章,"建立具有适应性的海岸线和水道"和"缺水压力和水资源短缺的应对之道",关注的是多用途基础设施,针对诸如风暴潮、内陆洪水、水资源短缺、持续干旱和高温天气等突发事件而设计。本书最后一章"前进的路"提出,在缺少国家层面的基础设施议程时,开明的具有前瞻性的国家和地方领导人携手开发商和高度关切的公众,利用现有政策工具和投资载体而创造出"永不过时"的公共基础设施工程。

在美国,能源、水、通信系统和交通运输据估计占据总能耗的69%[29];此外,它们的温室气体排放量占美国排放总量的50%。[30]同时还有无数化学残留物以及有机和无机垃圾需要处理。根据世界自然基金会(the World Wide Fund for Nature)2010年开展的一份研究报告中称,假如"一切照常"——即继续投资碳密集排放和环境负担重的开发项目——这样很可能在30年间使碳排放量翻倍。[31]考虑到基础设施投资生命周期较长的特点,"一切照常"的模式将在未来数十年间使人类对环境造成更严重的损害。相比较而言,投资低碳、环保的基础设施服务系统将在基础设施有效期内减少或者抵消对环境损害。这样来看,现在所作的决策将决定我们是继续走环境恶化的老路,还是改弦更张,在地球现有资源框架内生活。[32]

由于大自然依靠的是健康生态系统自组织的密切关系,我们的努力则要靠自觉设计过程驱动。大卫·洪葛兰(David Holmgren)提出我们的文化倾向于"发现并信奉掠夺竞争式关系,忽视合作共生式关系";这种倾向性使我们孤立各个组成部分,并将个体最优化,因而贬低合作关系可能产出的成果。[33]倘若我们在设计基础设施系统时特意模仿自然生态系统,这种系统的核心原则又是什么呢?本书大胆提出五个组织目标,在决策者和设计师手中将有助于催生未来一代多功能、低碳以及适应性强的基础设施,与自然系统紧密协调配合,与社会环境完美整合,而且还能适应不断变化的气候状况。

尽管接下来数章中，探讨的案例复杂性千差万别（一些工程项目仅仅因为位置毗邻而获益，而另一些则身处紧密编织的共生网络之中），所有项目无一例外超越了传统分散式做法，反映出对经济、环境和社会背景的敏感性越来越高。通过利用不同基础设施系统间资源交换的潜在可能性，使这些先进的项目提高了效率，节约了成本，同时带来意义重大的社会红利。这样整体式的、以系统为导向的创举为我们提供了充满希望的方法，将规划、管理、投资和运营等相关政策一并升级。

未来的希望

在I-35W桥坍塌事故三天之内，国会批准投资兴建新的公路桥，明尼苏达州交通部迅速选定一个项目管理团队启动快速建筑采购方式。圣安东尼瀑布大桥替代了原来坍塌的桥梁结构，其设计施工于9个月内完成——创纪录的完工时间。

图1-3 夜间照明灯光下的重建的圣安东尼瀑布大桥下，明尼苏达州明尼阿波里斯市（感谢柯林·安德森提供的图片）

新的大桥（图1-3）于2008年9月18日通车，通车仪式隆重盛大；表明美国还没有失去自己久负盛名的超凡技术，有能力生产出具有前瞻性的公共基础设施。桥梁设计目的在于适应多种交通方式，包括未来的公交和铁路线路；设计该项目时还考虑到了减少能源使用和温室气体排放方面的问题。混凝土结构中混有之前坍塌桥梁的废弃物以及燃煤发电厂的残余产品，抵消了施工过程中能源密集型水泥的使用量。装饰材料则是一种新型产品：一种自洁式水泥，能分解空气污染物，减少有害气体。新式的LED（发光二极管）照明灯具使年耗电量减少15%，并且每15年才需要更换灯泡。

桥梁应用的其他新一代改进之处包括"智能技术"，即提供实时监控，监控涵盖桥梁的结构组件以及运行情况。为了应对日益频发的严重气象事件，桥梁还增加了自动除冰系统和不利情况自动报告标示牌。

桥梁使用者和大部分社区居民都参与了规划过程，权衡设计的决策和各个方法，力求达成设计结构与密西西比河景观的完美融合。参加公众会议和研讨会的人们选择了当地天然石材和生动的装饰照明。游览者站在大气的观景平台上更能感受密西西比河的美景；桥梁的设计也为将来建造分离的行人和自行车车道进行预留，这样将把密西西比河两岸的轨道运输系统连接起来。学校的孩子们将自己手工制作的纪念性马赛克砖安装在一侧桥台上。

第2章

走向基础设施生态学：
相关联，多用途和协同系统

马来西亚吉隆坡是一个拥有160万密集人口的发达城市，一个兼具雨水管理功能的公路隧道（又称精明隧道，SMART）于2007年5月竣工，长9.7公里，结合了两项看似彼此不兼容的用途。隧道主要从拥堵的中央商务区分流机动车，将交通所需时间减少了75%（而且也降低由交通拥堵中汽车排放产生的空气污染）。[1]而在暴雨期间隧道也可用来蓄存城市中心区洪水频发地带的雨水。精明隧道蓄水能力达到300万m³，在应对单次大暴雨时能转排多达90%的雨水。[2]

该结构有三种模式：降雨量小的时候，无需将雨水引入隧道排出，交通正常；降雨量中等时，雨水被引入隧道最底层排出；在一年一至两次的大雨期间，隧道停止通车，各层开始排洪。在48小时之内，重力作用下大部分洪水将会退去；水泵将剩余积水抽空。隧道进行清淤，清洗，重新通车使用。[3]多亏了复杂的控制系统，精明隧道能够迅速地将运行模式切换至任何所需模式，因此保护吉隆坡免受水灾侵袭。

机动车通行车道作为具有附加价值的组成部分加入这个超级工程，使得这个巨大防洪工程变得可行。兼有两项功能的公共设施项目能降低成本，使用资源也更少；并且总体而言比两个单独项目破坏性要小。在本案例中，汽车使用隧道需要付费：施工费用中很大一部分借由通行费得以收回。[4]针对城市多重问题，这个解决方案的提出既善用资源而又充满革新精神，精明隧道项目因此荣获2011年度联合国人居奖。[5]

工业时代基础设施的宝贵传统是独立、单一功能的资产以及"非偿还式的"或是说单向流动的；与之相反，后工业时代的解决方案往往致力于多功能闭合回路的交换，与自然生态系统特点一致。本章经过深入洞察之后将呈现此种系统的成因与运作方式。书中特色的案例之所以被选中，是因为其代表了后工业时代范式的第一原则：系统应该是多功能的、相互关联，且更理想的是具有协同性。

从最基本的意义上来看，彼此关联的项目可能只不过是因为地理位置接近。位于同一地点的两个实体彼此并不相似，尽管二者并没有大量的互动接触，通过高效地共享空间或者结构，达到经济节约的目的。公共基础设施的关键资产和输送网络通常位于被隔开的专用空间或附属建筑，在地面以上或者地下。共享场地能够促使地产的高效利用，通过将彼此并不相关却兼容的功能在一个地点进行整合，往往施工费用也能合并，自然比原本单独施工的费用低。

"耦合"项目指的是项目距离很近，使得一个系统得以利用另一个系统的生产或流通功能，减少资源耗费。耦合项目可能不仅跨越不同部门（例如电力、通信以及交通运输），还可能覆盖一系列行政管辖范围：小到一个社区大到一个城市甚至是一个地区。举例来说，位于日本广岛市的一个垃圾发电厂为城市电网发电，同时将其废热分给附近的娱乐中心供暖（还包括一个游泳池），而且包含一个地区游客中心，凸显了减少垃圾带来的好处[6]（耦合项目在本章稍后进行探讨）。

单一场地共享的案例

全美国的城市交通部门必须不断地与各式各样的交通中断做斗争，因为各个公共事业公司拿着手提钻切开路面，寻找路面下混埋在一起的水管线、污水管道、煤气管道、电缆、蒸汽通道、电话和通信电缆。[7]最简单的处理方法就是联合挖沟，这意味着共用一个管廊安放多个公用事业部门的缆线管道，而不是各用各的。预先协同合作不仅减少安装和维护费用，而且降低对公共管道的空间要求。佛罗里达州的塔拉哈西在2000年开始使用综合管廊——最主要是为新开发的大型社区提供服务——已发现共享的管廊把对环境的影响降至最低（因为减少路面切割的次数频率），而且也提高了工人作业时的安全性。[8]

共享公共事业管道（又称保温管道utilidors）是基于共享管廊的基础上改良而成的，通常由金属或混凝土制成，在极寒天气可以保温，或者在地面上或埋在地面之下。这类管道带有共享接入点，极易发现。日本国内大量应用此类管道。此外，英国庞德伯里镇新建的定居点[9]，以及德国的布莱梅都在使用共享公共事业管道，这些管道就在自行车道或步行道路下面。新加坡地基的"综合公用设施管廊"集通信电缆、电线、水管和污水管设施于一体，还包括区域供冷系统——甚至还有气动垃圾收集管道；并且干湿分离。[10]设计这种管道就是为了便于维护和扩展，同时在自然灾害时可以更好地保护基础设施。美国佛罗里达州的迪士尼乐园里也以地下服务隧道的形式安装了这种管道。[11]

共享公共事业管道最早于20世纪90年代中期在中国台湾的台北市出现，当时是和台北市的捷运线一同布置的。这样一项工程由于其施工地点单一、节省空间、一次性协同施工等特点，将工期缩短了6个月，同时还为台北市政府节省了4464万"新台币"。[12]相对于当初较高的初期投入成本，这些共享公共事业管道的利用率并不高；然而现在仍在使用的那些管道表明了基础设施多条管道共置的简便性好处良多，包括最大化地利用地下空间，降低施工和维护费用，尽可能减少交通中断，还有更容易进入并维修。

另一个需要统一布置的是光伏声屏障（the photovoltaicnoise barrier，PVNB）。这种主要是光伏并网太阳能电池板阵列，其中包括声屏障，树立屏障的目的是保护附近社区免受铁路或者高速公路噪声的干扰。和建造集成太阳能设施一样，光伏声屏障在现有结构上进行安装，从而节省原材料和施工费用。自从20世纪80年代晚期，这种见缝插针式的布置已经成功地并网输电，同时保护附近住户和其他占用区免受噪声干扰。这种结构取得了规模经济效应，同时节省占地面积，因为两大主要功能都位于交通地役权范围内；这种安排也便于维修保养，因为两套系统可以由一个维护车队完成清洁和保养。[13]

荷兰阿姆斯特丹的奥德科克安德阿姆斯特尔附近，沿着A9高速公路分布着一个220kW的大规模并网发电系统和大约185.81m²的光伏声屏障，发电量约176MW。另一个是意大利特兰托附近沿一公里（约0.6英里）长的高速路分布的5035m²（约1.24英亩）的光伏声屏障，可以将临近的伊塞拉市的噪声级下降至符合标准。其峰值发电率730kW满足了600人年度用电需求量，而且减少了420多吨二氧化碳排放量，并使日间和夜间噪声级下降10分贝。[14]

另一个安装的设备则是混合型的：光伏阵列的玻璃表面折射声波，因而不需要单独的声屏障。朝东和朝西的光伏声屏障沿着瑞士苏黎世附近的一个高速公路高架桥排布，还有另一个优势：东西向背对背配置，使声波转向。此外，朝夕的日照有效使发电量翻番，发电量与更常见的南向安装的设备相等。[15]

2005年，一份针对现有和规划建设的交通基础设施的研究报告指出：通过延长适宜朝向的公路和铁路总长度，光伏声屏障发电量可以满足欧盟用电总需求量的

5%～6%。[16]日益拥堵的城市以及沿市郊的通勤路线，很有必要注意隔音问题；建议在主要道路升级或正在施工的新项目中，开始规划将光伏声屏障系统纳入其中。

我们得知，还有一些公共基建位于河流之上，与交通桥梁合二为一。例如孟加拉国的邦格班杜桥是该国关键通道，联通着由贾木纳河一分为二的东西两部分。邦格班杜桥于1998年竣工，支撑着东南亚和欧洲西北部之间连贯的国际公路与铁路交通。[17]在施工建造这座桥之前，两项研究——一是铁路与公路桥合二为一，另一项研究是单独建造输气管道——表明无论单独建设哪一个，经济上都不太可行。现今，这些不同功能都融入这个多功能结构桥梁中，还包括高压电缆和通信电缆。[18]

恩纳斯·赫尔玛桥（图2-1）将阿姆斯特丹与邻近的于比格岛（Uburg）上城市开发的新项目连通起来，由两个优雅的桥拱之间分布的五个桥跨共同组成。恩纳斯·赫尔玛桥包括两个机动车道、两个有轨电车道、两个自行车道以及人行道，同时还铺设了陆地与人造岛之间的水管线、污水管线和其他市政设施。

能源部门和信息与通信技术（ICT）部门提供了许多有趣的例子，涉及跨部门的联合。气流的速度和方向充满变数——由于美国风能利用的规模上升，因此风型的测量和预测也相应地需要提高准确率。安装在关键位置的风传感器能输出预报数据，电力系统运营商可据此数据优化风能发电量。

在得克萨斯州，由专门提供风力数据的Onesemble公司研发的传感器安装在高度为80～100m高的手机信号塔上——就是大多数涡轮叶片旋转之处。100个传感器中枢构成的网络追踪得克萨斯州近95%的风力发电厂的风速、风向和温度，每小

图2-1 连通阿姆斯特丹和于比格岛的恩纳斯·赫尔玛桥（有电车通道），荷兰（感谢S·赛普提供的照片）

时向德克萨斯州电力可靠性委员会—— 一个管理得克萨斯州85%供电量的独立运营商——提供六次预报。[19]

无处不在的变电站内有变压器、配电装置、电表和其他设备——主要是将高压输电转换成本地输电适用的电压水平。变电站经常位于有防护栏圈起的场所，或者地下，也可能位于专用建筑物之内（尤其是城市中这些大多无人看守的变电站基础设施简直就是城市废弃物，考虑到公众对于噪声、电磁辐射和对景观破坏的担忧还是有一定道理）。

另外一种方法在美国之外的其他国家比美国国内应用的更普遍，即是将高压变电站整合到建筑物或其他综合体大楼之内。[20]将变电站包含在建筑物之内这种做法可以消除变压器的噪声，这是人们之前一直反感的；控制任何设备可能溢出的污水；增强对洪水、极端天气和地震的适应力；还可以避免额外的挖掘地基的施工量。此外，气体绝缘变电站技术的革新和高度集成的配电装置可能会使变电站对空间的需求减少30%。[21]

在日本，变电站通常隐藏在其他建筑结构之下。例如东京电力公司的东村内幸町变电站共五层（约30.48m），位于地下三层停车场的下面，地面上的建筑则是首层商业加22层住宅楼。还有另一个不同寻常的例子：日本中部电力公司在名古屋的地标——建于17世纪的名城城堡附近的一个停车场下面建造了一个变电站。变电站上方的地面上有一个装饰性喷泉，起到了很有效的协同作用，不仅有助于电力设备降温，还同时去除机械的噪声。

澳大利亚悉尼的干草市场大电力变电站，位于人口稠密的中央商务区，是一个多层协同的范例。其各个组件都与一个购物综合体整合在一起：一些组件位于公建区域之上，但大多数主要设备位于地下停车场之下。[22]在瑞士圣加伦，一个两层的变电站完全隐身在布莱特菲尔德足球场下面。[23]伦敦的变电站有时候设置在公园或人行道的下面。

在美国许多城市里，变电站都被归为令人讨厌的一类事物，因此根据区划法，将其限制于工业区或制造区（或者，如果是小型变电站可以在商业区）。然而，随着许多城市制造业基地的衰败，这些城市都在重新进行区划——并放弃分配给制造业("M")的地块。同时，居民区对电力的需求在不断上涨，房地产价格飙升——使得新建变电站的选址十分困难。倘若不是区划法的禁止，合理的解决之道应该是场地共享——即，将变电站与其他兼容设备放在一起。[24]

美国有一个比较罕见的实例——一个享有特权（位于一栋建于1967年的建筑物之内，于2001年"9·11"事件时被毁）的重建变电站，为曼哈顿下城区供应所需大部分电力。现今这个变电站位于世界贸易中心七号办公大楼地下11层其中的4层。[25]变电站里有三台约6.1m高的变压器（站内还有空间可最多再安装十台类似装备），变电站在一个底座之内，由不锈钢板遮挡，很有艺术感，还装有整体百叶窗用于散热通风。变电站能提供40MW电量，并且能满足曼哈顿下城区重建扩张后预计的用电量的增加。

美国另一个比较罕见的变电站场地共享的实例是一个公用设施——经过周边社区广泛的建议和参与——位于加州东阿纳海姆的一个高收入居民区内的一个山坡之下，有两台50兆伏安（MVA）共69个12千伏变压器。这个位于地下的气体绝缘变电站是美国首个此类型的变电站，为25000名居民提供所需电力；并且由于处于一个约8094m²的小区公园之下，它运转时几乎不产生噪声。该项目投资1950万美元，不仅在加州，甚至在全美范围内都可以作为其他基建的范例。[26]

将基建设备与土地其他用途集中选址并置能带来间接收益，包括减少设备投资、通路以及公用基建成本，而且有时还节省直接供电成本。例如，农业和风力发电的共存十分协调；风力发电厂在一直致力于农耕或畜牧业的土地上已经变得越发普及。当然从历史上来说，人类一直在利用风能，比如荷兰用于谷物碾磨，或农田的排水和养护。[27]

由于场地共享导致的矛盾通常可控，或可以缓解。包括牺牲一些高产的田地，用于安装风力发电机塔架以及产业规模的风力运营需要的联络通道和输电线。另外有关修缮方面的关注点包括腐蚀或由于风力发电机搭建中导致的其他损坏。[28]

居住区规模的风力发电厂正是跨部门协同共享场地的范例。在此类项目中，规划时有本地居民的意见参与和农民的土地所有权（或无此项）或租赁合同，发电的一部分可用于农业生产运营，而大多则卖给电网。明尼苏达州卢文附近的Minwind风能项目是最早一批（2004）由农民所有的风能发电机，享受美国农业部可再生能源补贴。这家农业合作社包含超过200个本地的投资者，与Xcel能源公司签订了长期购电和并网协议。这个项目除了双重的产出之外，其多重优势还在于为当地创造的多元化就业机会和本地计税基数的增长。[29]

在澳大利亚西海岸珀斯以北，阿林塔风力发电厂是澳大利亚最大的风能发电综合体之一。它拥有54个风力涡轮机，为近六万户家庭供电达90MW，每年减少二氧化碳的排放量可达40万吨（相当于路面上少行驶8万辆汽车）。该开发项目还是当地一个主要景点，包括附近一个35公顷的保育公园，一个游客中心还有一个观景平台。[30]在乡间的开阔耕田安装的风力涡轮机有着最优间隔，与广亩作物种植（如谷物、油籽、甘蔗、豆类、啤酒花、棉花、干草和青贮饲料）和放牧都十分相宜。风力涡轮机通道的路基与农场现有的交通网结合起来，内部电缆安装时埋得较深，使得上层土壤可以继续种植庄稼，所以仅有不到1%的耕田被占用。[31]

巴西已经成为全球第五大风能发电国。风能领域的密集投资集中在该国的东北部地区，目的是为了重新平衡能源组合。十年之前，由于巴西东北部地区遭遇旱灾，对于水力发电的依赖（装机容量的91%）使该国陷入能源短缺，并引发经济危机。在此，开发风力发电厂在战略上的协同作用体现在两个方面：第一，人们广泛认为巴西风能与农业和放牧业高度兼容，私人风能开发商为农村的农业领域贡献了额外的土地租赁金。第二，风能的潜力在每年旱季时达到最大，因为旱季时风速最高，而水力发电则是最低谷的时期。[32]

与依托陆地的装机一样，离岸的风力发电厂提供与其他项目共享场地的机会，包括渔业（尤其是水产养殖）以及海上交通。在2013年9月，520MW的离岸风力发电量并入德国国家电网，但是到2030年，巴西联邦政府希望能达到25000MW的北海用量。[33]考虑到水产养殖作为全世界增长最快的食物生产部门，专家们已经在评估多功能海域结合和协调这些新兴产业的可能性。初步研究已经证明，使用这些风力发电机的接地部分作为培育青口贝和糖海带的防护装置，具有生物和技术上的可行性。[34]合作关系对双方都有利，因为实现了共同管理运营和维护事务：例如，分享海上基础设施（物流平台、船只）还有一般海洋技巧和知识。只要具备正确的管理政策以及前瞻性的管理行业界面，两个领域都可以通过资源共享获利。[35]

巴塞罗那的地下污水处理

巴塞罗那的贝索斯污水处理厂是一个非常独特并富于创造性的范例，完美诠释了场地共享的理念。这个海滨城市有一个统一的排水系统（将污水与雨水一并收集排出）。到20世纪80年代末，巴塞罗那区域的河流是西欧地区遭受污染最严重，水质也最差的河流之一。等到1991年欧盟颁布有关城市污水处理的指令之后，巴塞罗那市政府着手开始全面升级城市水处理基础设施，包括贝索斯污水处理厂。该厂的升级改造也被纳入面积达40hm²的城市改造项目之中。城市改造项目中包含着巴塞罗那的老工业码头区——贝尔港。现在众所周知的巴塞罗那论坛，占地74hm^2，是世界级的港口开发区，有饭店、商业中心（Maremagnum购物中心）、海洋世界、一间IMAX影院、豪华酒店，还有音乐厅、会议中心和公共广场——都由人行天桥连接起来，横跨升级后的码头，通向巴塞罗那主要的步行走廊兰布拉斯大道，路旁绿树成荫。巴塞罗那使用了欧盟和本地公共部门的资金来调节利用私人投资，这种做法现在已经为人们所熟知，而15年之前开展改造项目那时则较少见。

在升级扩建污水处理厂之前，当地居民和游客一直不堪忍受硫化氢和氨的毒性和气味，这两种化合物都是直接被排入水体之中。巴塞罗那环境部门在处理港口的空间限制时，将污水处理厂完全建在地下。新建的污水厂面积约为85471m^2，正好位于巴塞罗那论坛最昂贵地段的正下方，能够处理巴塞罗那及周边城镇（居民两百多万）超过70%的污水。正是因为污水厂位于极负盛名的公共场所地下，所以更迫切需要绝对的异味控制。而这一目标的达成主要由物理和化学手段结合而成，通过在通风系统中使用吸收介质。[36]

涉及货运模式的整合（如海运到铁路到陆路运输），跨国企业在很大程度上起到带头示范作用——开发无缝集成物流系统，使用统一的单一合同服务提供者，同时促进包装业的基础设施发展，如集装箱化。[37]国际化的市场也有助于提升运输模式的集成化发展。国际大型海港——包括加拿大温哥华、纽约港务局和新泽西、荷兰鹿特丹和德国汉堡——正在致力于整合船运设施和集装箱、铁路以及陆路汽车运输，这样可以使货物从一个承运方到另一个承运方的流通更加顺畅；一些港口甚至已经连接到机场。

一个运输的联运（也叫多式联运）方法不仅在运送旅客方面体现了革新性理念，在运输货物方面也是如此。除了提升不同运输形式之间的连通性之外，这样的方法还有附加价值，即减少对环境的影响，在单一模式的基础设施中——过度使用的高速公路、公路占用的土地和停车场总是与环境污染连在一起。最终，联运复合模式能够停止投资建设和维修公路，引领投资进入支持公共交通系统和非机动运输模式：人行道、行人舒适设施、自行车道以及自行车存放设施。[38]

针对多式联运公共交通系统，美国联邦政府对其高效性的认可能够在1991年颁布的《多式联运陆路运输效率法案》（ISTEA）中的一段文字中体现出来。1994年多式联运运输国家委员会发布的报告中指出如下优势：

（1）使每种运输模式在旅程最适合的一部分使用，从而降低运输总成本；

（2）提高经济生产力和经济效益，从而提升国家的全球竞争力；（3）减少拥堵，减轻压力过大的基础设施的负担；（4）公共和私人对基础设施领域的投资产生高回报；（5）为老人、残疾人、孤立无助的人群以及贫困人口提升流动性；（6）减少能源消耗，改善空气质量和环境状况。[39]

现今的交通枢纽或许是最佳范例，诠释了投资从单一模式基础设施转向更加青睐集成多式联运的投资。此类基建的重要属性有（1）铁路、陆路与航空运输的便捷联通；（2）安全连接到停车场、自行车和其他步行便利设施。旅行日程、票务和相关信息通过旅途起点和目的地之间的逻辑关联结合在一起——旅客可选择的服务范围更广，旅途也更舒适、更便捷，更有可能吸引旅客放弃私人驾车，选择公共交通方式出行。

通过多式联运酌情补助金（TIGER）计划，2009年颁布的《美国资源和复苏法》正大力帮助多个混合用途、多式联运的项目筹集资金。申请投资的城市有：明尼苏达州的圣保罗、伊利诺伊州的诺默尔以及俄亥俄州的肯特。这三个城市正在建设城市枢纽，支持不同交通方式间更加无缝地转换，节省交通时间，并减少温室气体排放，而且许多时候可以去除过剩的基础设施。

北卡罗来纳州的罗利市将要引入3650万美元的多式联运酌情补助金（TIGER），同时配套还有600万美元市政资金以及北卡罗来纳州交通部注资的900万美元，全部用于改造罗利市商业区西端的一个老仓库，将其打造成为区域多式联运中转车站。该设施将包括等候区、混合用途以及市民空间，以期满足城际客运铁路、通勤铁路、轻轨、城市公交、区域公交、出租车、自行车和其他交通方式的现有和未来的需求。设计的特点是，在毗邻这个改造项目综合体旁，规划建设一个宏伟的步行广场和一个巨大的雨洪公园。预期在项目完工的2017年，可以带动该地区的经济发展。[40]

旧金山环湾客运中心

投资高达41亿美元的多式联运客运中心——旧金山环湾客运中心（TTC）于2013年破土动工，挥动铲子的各位官员们体现了联邦、州、市各级政府和当地政府的积极参与，共同打造了基础设施领域最具代表性的样板。众议院女议员南希·佩洛西称赞旧金山环湾客运中心为"国家意义的工程"，[41]是位于一组13个多层塔楼建筑群之内的多用途的多式联运客运中心，待建成后将重塑城市的天际线。该项目是旧金山重建局翻修市场南金融区规划的一部分，也是旧金山更宏大战略的中心部分，该战略包括减少城市蔓延、温室气体排放以及热岛效应；提升环境质量；并促进本地区经济发展。

现在旧金山环湾客运中心极好地体现了美国努力放弃在人口稠密的城市规模上实施单一模式解决方案，代表着一种全新的复合型基建设施，这种复合型解决方案源于规划和运营等多部门的合作，还反映出土地使用决策和复杂空间问题解决中的体现的团队方法。等该项目于2017年竣工之后，将会完美诠释密集型地产开发的战略用途，产生一种新的投资潮流，不仅能够支持基建开发，而且在本地和区域内带来额外的社会效益。临近地块开发所获收益将为这个交通枢纽提供资金，这个交通枢纽按设计要求将整合11个现有交通系统，而出资要求则确保这个交通终端和扩建部分被建成一个统一整合的项目。[42]作为一个整体翻修项目的核心引擎，这项规划三阶段的全面扩建预计增加湾区的区域生产总值幅度为8000万美元。[43]

在本书写作之际，正值这个项目的早期建设阶段，其实是持续几代的政策产物。早在1973年，旧金山监事会就通过了"公交系统优先"决议，不鼓励高速公路的开发，而把发展重点放在公共交通系统上。旧金山环湾客运中心是一个优秀的范例，体现了《多式联运陆路运输效率法案》（ISTEA）的目标之一："减少能源消耗和空气污染，促进经济发展。"[44]

旧金山湾区由于Muni交通系统和湾区地铁（BART）城市轻轨系统，享有四通八达的公共交通网络，但许多偏远的郊区仍主要依靠汽车出行。该项目取代了一个超过70年历史的交通终端，这个交通终端已经是多式联运的客运中心，依靠收费作为资金来源。在20世纪40年代早期，通过旧金山/奥克兰湾大桥进入旧金山的通勤列车服务被取消，由公交车取而代之。新建的这个客运中心将这些早已断开的联系线路重新恢复。它将有效地连接和扩展本地、郊区通勤以及远距离大巴线路；铁路运输和AC运输巴士。它还将联通至更偏远的加州湾区铁路（Caltrain）通勤铁路服务。通过向郊区居民提供更便捷更直接的轨道交通选择到达市区，会有效减少路面机动车数量，每年预计减少36000吨二氧化碳排放量。新建中心会提升旅客在各个楼层到达、出发以及多方式间转乘的体验；并且在地下一层的行人大厅沿线全程设置了零售摊点（图2-2）。最后，规划中的洛杉矶/阿纳海姆始发的高速铁路，将为旧金山环湾客运中心的乘客增加一项城际服务选择，实现跨区域无缝换乘。

楼顶面积很大，从地面街道层可通过扶梯或垂直电梯进入，为人行道广场提供阴凉。约21853m²的屋顶花园全长402m，特色包括步行道、草坪、花园以及儿

图2-2 剖透视图，环湾客运中心，加利福尼亚州旧金山（项目设计师：佩里·克拉克·佩里。感谢环湾联合电力局提供效果图）

童游戏场，还有池塘、露天剧场、饭店和零售商业。收集的雨水用于灌溉绿植，绿植反过来会过滤空气，保持凉爽，因而减少热岛效应。多个大型穹顶采光并有助于各个楼层采光；提供自然通风，夜间还能被动冷却建筑综合体；并在视觉上统一综合体的外观，为游客定位导向提供方便。这个生机盎然的屋顶花园成为了生动的公共"空中广场"，成为周边新建的塔楼拱卫的视觉焦点。

最终采纳的2005年重建规划的扩建部分是经过谨慎协调开发控制和设计指导。约278709m^{2}的写字楼和酒店配有约9290m^{2}的商业零售规划，集中在毗邻地块。仔细排布的低层、多层与高层建筑，保证了下面的公共空间的日照采光。非常恰如其分的是，这个以公共交通为导向的多用途开发项目，配备有自行车设施、步行街和其他便利设施，是进入旧金山城区的新大门；为建造海湾大桥匝道而腾空的空间得以借此复兴，这些匝道在桥梁改建的新设计中完全没有必要，已经被拆除。

旧金山重建局将通过多个资金渠道为环湾客运中心提供预算资金159万美元，包括市政府、州政府以及联邦政府对于其全面规划的实施给予的协助，利用税收增额融资、利息收益以及销售机构债券，估价和贷款。[45]旧金山重建局接受了美国运输部（USDOT）根据《交通基础设施融资和创新法案》（TIFIA）提供的1.71亿美元的联邦政府贷款，以及《美国复苏与再投资法案》(ARRA)刺激资金奖励的4亿美元。土地销售估价4.29亿美元，再加上地区征收通行费所获资金近2.5亿美元，另外AC运输巴士公司也有捐款，以及圣马特奥市的销售税和旧金山K提案中为公共交通的改善支出0.5%的销售税收入。除此之外，重建区拨付的财产税预计产生多达4300亿美元的净税收增额融资，以支付环湾客运中心的施工费用和2017年中心预期开业后的运营成本。[46]

当地的全面整体规划、开发的各项法规以及规划的资产改良将在旧金山重建局和环湾联合电力局（TJPA）的支持下展开。[47]湾区政府和各个运输公司以及环湾联合电力局达成了前所未有的合作关系，共同致力于环湾客运中心的开发事宜。

环湾联合电力局（TJPA）在保持其"优先管辖权"的同时，也预先做好准备接受本地业主对重建计划的意见，场地内商业如果希望继续在新项目区域内营业也可获得优先权。各股东多年的参与受到环湾联合电力局市民咨询委员会的监督，也帮助确立城市设计的新目标。环湾联合电力局能为地区交通出现的问题提供技术解决方案，通过召集政府各个部门、非政府组织以及私营部门的会议，以期建立一个合作的区域交通系统。该局成功地克服了来自外界客观的、金融的以及社区的反对意见，还有环保限制，把障碍变成催化剂，跨越传统模式的界限。如果一切按计划进行，完工的环湾客运中心，将展示一个复杂而具有整体视野的项目是如何比各部分简单相加发挥更好的功用。

耦合：超越场地共享

本章最后这几个案例凸显了后工业时代基础设施所具备的一个理想属性：共生状态下不同基础设施系统间的共享交流，其中一个系统的产出为另一个系统的功能运转提供支持。例如，数据处理产生的废热可重新利用作城区供暖，或者可以从污水中提取可用的生物甲烷为一个大型数据系统供电。热电联产也是将发电过程中的余热以蒸汽形式回收，然后用于工业或民用（区域或家庭供暖）。

　　数据中心里面有大型服务器系统和相关联的组件，例如备用电源和电讯设备。这些都是极为费电的（大型数据中心的功率可以高达数千万瓦特），同时也产生大量废热，散热需要耗费过一半所需总电量。[48]对于一些大型组织机构而言，数据中心可能会消耗总用电量的30%。全球每天有超过15亿的人口在上网，科学家们估计因特网的能源足迹正在以每年超过10%的速度增长。[49]由美国国家环保局(EPA)在2006年进行的测量显示，这个部门消耗大约610亿度电，相当于全美用电量的1.5%，是2000年测量时用电量的翻倍。[50]

　　对于新兴的信息技术领域而言，考虑到其巨大的能源和冷却需要，为数据中心寻找使用–兼容场地是很重要的。越来越多的IT公司正在审视利用地下数据中心掩体的自然条件所具备的前景——周边的热质量，以及在一些石灰岩山洞中自然流动的冷空气。位于堪萨斯州堪萨斯城的洞穴科技公司（公司座右铭就是"我们在石头中成就因特网技术"），公司的数据中心位于地下38.1米。这样的位置除了可以保护数据中心免受自然灾害侵袭或躲避蓄意攻击（石灰岩结构比混凝土结构坚固三倍），20℃的室温极大地节省了制冷所需成本（节省可达50%），使得洞穴科技公司为消费者提供服务时，价位比其他竞争者低很多。[51]

　　英国比林汉姆的数据中心由惠普经营，是全世界首个100%由风力冷却的数据中心，安装的风扇将北海的冷风带入空气过滤和地下送风系统，使数据中心的温度保持在24℃左右。在这里，通过使用白色墙壁和浅色服务器架子，冷却效率也提高了，因为白色和其他浅色光反射率更高，减少了40%的额外照明需求，每年节省约700万美元。总而言之，这个数据中心的年度用电量从2750亿度降到2000亿度，而且每年二氧化碳的排放量从17500吨减至8770吨，因此碳足迹（碳排放量）下降了一半。[52]

　　芬兰赫尔辛基的IT公司Academica和赫尔辛基公共能源公司Helsinki Energia（归赫尔辛基市所有的一家营利性能源公司）结成的伙伴合作关系，使得一个新建的200万瓦的数据服务中心共享场地。这个IT公司的基础设施位于19世纪的乌斯佩斯基大教堂地下，这座大教堂是东正教的地标建筑，也是颇受游客青睐的观光景点。新建的这个数据中心位于大教堂一间地下室内，也曾作为第二次世界大战时期的炸弹掩体，现在安放着数百个计算机服务器。计算机排出的废热由热泵传输到赫尔辛基市的地区供热系统，这个供热系统是20世纪50年代首次发展起来的，为近500所独立住宅供暖。同时通过热泵，将热能、海水或城市发电产生的区域冷媒，为数据中心进行冷却。该中心的冷却所需电能因而降低近80%，每年节省20万美元的开支，数据中心的碳排放量也降低了1600吨。[53]当然，数据中心不同寻常的选址带来的另一个协同效应，就是处于炸弹掩体里享有的额外安全性。

惠普可持续性因特网技术生态系统实验室的五名科学家进行了一次不同寻常的可行性研究，分析奶牛场和数据中心基于共生关系的交互潜力。数据中心的废热可用于加速牛粪肥的厌氧过程，产生的甲烷用来发电，供数据中心使用。这样的耦合不仅可以处理有毒害的污染固体垃圾（甲烷作为一种温室气体，比二氧化碳的危害大21倍），而且还可以为奶牛饲养者带来额外的收入。在本例中，一个饲养1万头奶牛的养牛场可以支撑一个一百万瓦（即中等规模的）数据中心的用电需求量，还可以有余电供农场取暖或冷藏。该研究指出，两年之后农民们能收支平衡，然后开始每年通过加工养牛副产品发电卖给数据中心，从中获利200万美元。[54]尽管惠普公司现在并没有着手研究这个方法应在何处实施，但是根据本研究报告的作者称，这个技术已经到可供实施阶段。这个创意也不是那么遥不可及的。微软在2012年11月宣布，其新建的怀俄明州夏延市的20亿瓦的数据中心（耗资550万美元）运营时将不并入电网，使用夏延污水处理设施生产的处理过的甲烷（沼气），为燃料电池提供能源发电。[55]

正如上文提到的那些数据中心所显示的，巧妙的场地共享对双方均有益处，维也纳地铁线路U2的施工就计划利用"土壤耦合"（地热）能——来自地球内部的天然热能。四个地铁站使用了恒温地下水为设备室降温冷却，并为办公区供热取暖。[56]瑞士的洛茨堡山底隧道是全长34km的火车隧道（目前为世界最长），将瑞士阿尔卑斯山脉一分为二，客货火车两用。为了最大限度利用隧道地热能潜力，多余的地下水被抽取出来，用热泵将水温升高，[57]然后以适当的温度为附近弗鲁蒂根的热带屋供暖，这个热带屋是一个温室兼水产养殖设施，生产热带水果、鲟鱼和鱼子酱。[58]

瑞典斯德哥尔摩的基础设施生态学——哈默比湖城

自20世纪70年代以来，瑞典中央政府已经开始动员地方政府通过将新技术与生态设计领域知识结合起来，降低环境负荷，总体目标是提高能效、重复使用旧材料的同时增强生物多样性。例如，斯德哥尔摩市政委员会1997年5月颁布的环保政策呼吁"一个功能型生态市政府、一个生态循环社会，以及一个环保的首都……我们的行动将基于如下深刻见解：自然资源有限，建成的一切必须在功能型的生态循环中再加工。"[59]

瑞典哈默比新居住区——本来是计划实施作为斯德哥尔摩申办2004年夏季奥运会的一部分而开发。尽管后来申奥未获成功，该居住区开发重新提上日程，旨在解决市中心住房短缺问题——已经研发出一个后工业时代公共事业服务独特的平台，基于"尽可能近距离地实施本地化的水、能源和其他资源的生态循环"。[60]在该项目全面扩建到2016年为止，约有25000名居民将在这处由工业棕色土地改造而成的项目地址上居住。该项目展示了紧凑的混合用途开发以及可持续城市主义。

哈默比湖城的建设资金主要通过斯德哥尔摩的地方投资计划（1998—2002）注入的本国和欧盟补贴。创建这个地方投资计划就是为生态适宜的项目和项目有关的绿色就业提供资金。[61]哈默比湖城设定的目标是：与使用20世纪90年代的技术建造的居住区相比，哈默比对环境的影响减少50%。[62]其首要的效能考察指标包括二氧化碳和其他温室气体排放量、地面臭氧、原材料使用和用水量等等都要减少。在斯德哥尔摩城市规划和城市发展局采取的整体方法指导下，通过斯德哥尔摩能源公司、斯德哥尔摩水业和斯德哥尔摩垃圾管理局三家公共事业部门提议联合建设基础设施，从而实现上述目标。这几家重要的市政公共事业部门的代表，还有城市规划、道路和房地产部门的代表们组成项目团队进行会商。

哈默比湖城严格的环保目标需要具有革新精神的管理解决方案。方案都是通过项目办公室制定的，这也提供了一个共同决策的平台，同时开启了审慎的统一规划和设计过程。在召开的引导会议上，鼓励各个公共事业部门围绕如下理念"自我组织"——重新分配一个组织的残余物或废物给另一个组织再利用。这样特意将多个过程联系起来以及资源的代谢式共享，可以被描述为全面基础设施生态学最早的例子。

后来人们熟知的哈默比模型，为所在地的能源和物质流之间的互动合作式的交换提供了一个模板（图2-3）。这种变革性方法依靠的是一个统一和几乎是封闭的系统，在系统内的能源和各种资源从一个公共事业部门向另一个逐级传递和循环。要实现能源和资源的传递和循环，在一定程度上是要在几个现有公共事业部门之间创造新的关联，不只是本区域内，还包括周边。从联合热电厂（CHP）以及污水处理设施提取的废热能被用于区域供暖。[63]污水处理厂提取的沼气被加工成燃料，供本

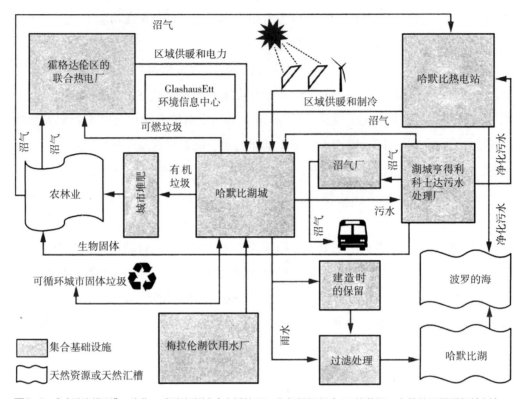

图2-3 "哈默比模型"，瑞典，哈默比湖城（由希拉里·布朗根据邦令AB的蕾娜·韦伦的原图重新绘制）

地汽车以及厨房炉灶使用。在试验阶段，污水处理设施剩余的污泥用于农业用途。混合的可燃生活垃圾被送往联合热电厂（CHP），与林业废物合起来做燃料。家庭和商业产生的有机垃圾（堆肥）作为肥料供附近农林业使用，而农林业的木片刨花送到联合热电厂作燃料。[64]哈默比模型中的循环圈尽可能在本地完成，向我们示范了一个近乎自立的能源和资源的回收系统。

通过利用自然的免费能源对这一模型加以补充。太阳光是局域分布式能源。家庭热水系统得到燃料电池和太阳能热水器的双重辅助。通过当地地形地貌减轻污染，清洁街道路面上的雨水，然后与庭院和屋顶比较洁净的雨水一道流入水渠，进入湖泊。

制定的目标中各种排放量的减少需要鼓励居民改变生活方式和行为模式，总是有一些措施更见效。[65]由于将轮渡与轻轨服务结合，还有汽车共享俱乐部、生物燃料公交系统，以及城市专用车道鼓励步行和自行车出行，2008年，每户整体消耗的交通能源（测量二氧化碳排放量的降低）和其他社区相比低48%。[66]

另一个成功的创新也是湖城的标志性特点：自动化地下气动垃圾收集系统，能帮助居民将废纸、金属、玻璃和塑料进行分类，供当地工业进行循环使用。源头分类活动记录在个人卡上，测量对这个系统的使用情况，并鼓励住户改进自己的垃圾管理行为。湖城的"小玻璃房子"是环保示范处也是信息中心，帮助居民和各国游客认识到：要想减少对环境的影响，人类行为模式的改变发挥着十分必要的作用。

哈默比湖城最伟大的创新之处在于着力发展本地的基础设施生态学——再加上高效且充分的措施，湖城得以达成许多预先设定的目标。斯德哥尔摩的评估工具"环境负荷曲线"被用来评价该项目至今的能效。这个工具从具体的能量和生命周期循环角度，来评估施工全程以及开发过程的运营活动。若是进行前瞻式研究，还能计算其他设计或规划替代方案造成的环境负荷。通过对照以排放量、水资源和不可再生能源的使用、污染物负荷和垃圾等方面作为衡量的初始目标，这个工具也正在用基准问题测试完工的项目成果。哈默比湖城第一阶段能效的评估（对照它的参考案例）显示不可再生能源使用量降低30%，用水量降低41%，全球升温潜能值降低29%，还有其他一些污染物和温室气体减排措施。[67]

哈默比湖城展示的公共设施的集成富有想象力，反映出强有力而高效的领导层，扎根于公私合作的积极主动的氛围。项目能够实现有意义的协同效应，其背后的原则正是整体思维和提倡互惠互利。

结论

新一代基础设施通过避免狭隘的解决方案，来服务于多个目标。共享场地或是以超越规模、政治管辖权和部门界限的一些新奇的方法，将不同类型的项目功能结合起来，能同时满足三重目的。耦合的分配网络，附带或分组安排（联合挖沟、光伏声屏障、保温管道）以及纵向与其他兼容的用途整合服务资产，能在开始就节约成本，或带来持续的成本节约，并减少破坏，保护珍贵的资源。在一个多用途设施中，把不同交通模式整合起来，增加了便捷性，提高了效率，这种多式联运交通中心能够凭借本身实力成为交通枢纽和城市改造的引擎。哈默比湖城的新开发项目指明了方向，即经过深思熟虑的基础设施生态学；在区域界线之内，系统的回收能源、水资源、沼气或其他物质资源供相互交换。

基础设施生态学是本书的一个统一的概念。正如之后几章揭示的那样，彼此协作的多功能基础设施也能够降低碳密度；把人造系统和自然系统有益的结合起来，以达到双方的新生；更好地融入本地环境；还要适应气候变化现行的和潜在的压力因素。

从政府、非政府组织、社区、有时还包括从企业领导者的角度出发，当他们面临着复杂的需求和越来越少的资源，包括房地产供应日益减少，这样面向未来的解决方案代表了他们所持有的一种创造性的整体和合作思维。企业投资者们命令自己的设计团队要提出多目标的整合解决方案，他们也随之能够有效地完善各个子系统。这样，项目的实际行动者共同努力提出一个新范式，以满足21世纪的需要。

图框2-1　场地共享的优点

场地共享可以为项目带来许多直接和间接的好处，包括经济、环境和社会等方面的益处，如：

- 场地优化：将数个功能合并在一个场地之内，增加房地产的效率，减轻未开发场地的压力；
- 节省资金：共享的场地，基础设施或建筑组件；
- 节省运营成本：运营成本和维护成本节约增效；
- 减少温室气体排放：降低交通所需能源或减少传输过程中损失；
- 保护物质资源，以及回收再利用；
- 对环境的益处：减少破坏，噪声或视觉污染；
- 公共福利设施/社区益处：包含额外的教育、娱乐或其他民用途径；
- 创造工作机会；
- 产生税收收入。

第3章

让供热和能源变得绿色环保：
一个能源脱碳的综合方法

在过去数千年中，人类一直依赖碳基燃料——但不断累积的证据显示，碳密集活动的失控增长已经带来可能是毁灭性的气候效应。为了避免气候不稳定性造成最极端的后果，基础设施部门有必要进行"脱碳"——即，脱离对煤、石油和天然气等能源的依赖，转向可再生能源（尤其是绿色能源）——而且在有限的时间段内尽快开展。[1]

绿色能源属于可再生能源，不仅在短期内可以自我补充，而且极少产生污染物；例如太阳、流水、风、有机垃圾（生物量或细菌分解沼气），以及地热。[2]根据美国国家环境保护局公布的研究结果，每用绿色能源替代一千瓦时的常规电能，平均将会减少约454g二氧化碳的排放量。[3]

由于大气碳（和其他温室气体）浓度升高引起地球状况发生改变，导致了世界范围内从轻微到严重的生态退化，影响了诸如气候调节、海岸防护以及水体净化等关键的生态系统服务，因而后果就是破坏那些依赖上述服务的基础设施关键部门。更有甚者，由于气候不稳定造成的极端气温、干旱、风暴潮、上升的海平面以及洪水，对基础设施资产构成严重且越来越直接的危险——能源、供水以及交通受到的威胁尤为突出。例如2003年的欧洲热浪，据统计夺去3万多人的生命。[4]温度升高使人们对空调的需求达到了前所未有的新高。电力的超负荷迫使法国中断核发电厂4千兆瓦（GW）的电量，因为核电站无法由河水冷却——这种做法等同于关闭四家电厂。[5]像飓风桑迪如此高强度的风暴都与气候不稳定性和海平面上升相关联，桑迪给纽约市地势较低的交通基础设施造成近75亿美元的损失，其中有50亿美元由纽约大都会运输署（NY Metropolitan Transportation Authority）一个部门承担。[6]

虽然减缓气候变化需要涉及社会各个部门，但是基础设施部门作为热能和电能的主要生产者和消费者，必须担负特殊的责任以减少碳排放。在2011年，仅电力一个部门的温室气体排放量就占据全美总排放量的约33%。[7]在此，电厂尤其应该作为先驱减少排放，通过使用附近的可再生燃料改造发电厂；通过结合热电联产使效率最大化，发电的废热用于供暖或工业用途；以及增加对新型绿色能源技术的投资，以满足增长的需求并替换燃烧化石燃料的老旧发电厂。

其他基础设施部门，例如供水、信息与通信技术（ICT）以及交通系统（都需要消耗大量能源）——也一样能起到带头作用，通过购买绿色能源或者就地进行能源生产，以补偿电网用电量。使用本地化的能源生产（也被称为分散式发电）将会避免距离遥远的集中发电产生的输电损耗，同时提升供电的可靠性。

提高绿色能源的可用性和按比例增加分散式发电，在实现低碳的能源未来中发挥着关键作用。尤其是它们将愈发依靠提高输电能力，以及数字通信和控制系统。这些都可以使中央和分散式发电系统更可靠、更高效且更灵活——总之，更智能。

和上一章着重探讨的项目一样，本章所研究的大多数案例表现的是相关联和多用途的系统，向我们展示了永不过时的真理：基础设施应该尽可能减少碳排放或是不排放碳。本章第一部分分析的是发电基础设施或热电联产厂（发电或者兼有区域供暖），而第二部分论述的是消耗能源的基础设施（信息通信技术和供水部门）。总的来说，所举的这些例子表明用绿色能源替代碳基燃料，替代式发电技术和存储系统。第三部分的例子体现的则是更为复杂的具有协同效应的系统，能源、热能或养分逐层在不同的基础设施系统间传递，减少二氧化碳和其他温室气体的排放。

使用可再生资源发电

在供暖和发电领域，能源基础设施的开发商和运营商正在成功地把旧设施和新建设施所用的碳基燃料替换成绿色能源。此处例子包括选择场地自有的或附近的资源，如生物质、堆填区沼气以及地热能。还有一种新型太阳能发电技术可以和其他土地用途结合起来。第5章和第6章也分别介绍了垃圾发电和潮汐发电。

许多旧式发电厂能在更换设备后使用可再生资源做燃料，一些电厂急切地想占领先机。就2012年来说，美国50个州当中有30个已经接受了可再生能源配额制（RPS），要求所销售的电力中一定比例必须源自符合条件的可再生能源（主要是风能、太阳能、地热能和生物质，允许一定的水力发电）[8]作为实施该配额最为严格的几个州之一，加州有充足的农业废物流。这就为电厂创造了机会，将生物质包括在可再生能源的配额之中。

生物质——农业和林业残留物以及源自农业和林业的物质——现在占据美国可再生能源发电燃料供应的11%。[9]在2005年，生物质超过了水力发电，成为美国国内主要可再生能源的来源；直到2009年被风能超越。可是和其可供利用的规模相比，生物质能仍然未得到充分利用，主要由于电厂设备更换资金成本相对较高，而持续补贴化石燃料。但是，每年数百万吨的伐木和土地清理产生的木材剩余物无人收集，任其腐烂，3900万吨的农作物剩余物被浪费掉或烧掉。[10]

使用有益的生物质——农作物剩余物、可持续获取的森林和木材废料、工业木材废料、不与农业竞争的能源作物——能减少二氧化碳和其他温室气体的排放量。[11]与煤炭不同的是，生物质不含杂质或污染物（如硫和汞）。而且和其他碳基燃料相比，生物质释放的氮更少，而氮是导致酸雨和烟雾的元凶之一。此外生物质以农耕作物和副产品的形式广泛存在。生物质与太阳能和风能这种间歇性的能源不同，若是把存储和运输因素纳入其中，则是可再生能源中使用最为密集的能源种类之一。[12]

波索山热电联产厂改造后使用生物质

位于加利福尼亚州南部，圣华金河谷的贝克斯菲尔德市以北约40km的波索山热电联产厂，从1989～2009年一直依靠煤炭、焦炭混合物和废弃轮胎这些基于石油的燃料来发电和供热。2012年，这家电厂成功改造成为利用100%有益生物质燃料，技术上减少碳排放量达100%[13]（生物质是否能够维持与美国环保局宣称的零排放一致，这仍然是一个有争议的问题）。这次改造由2008年发布的州行政命令S-13-08促成，这是可再生能源配额制（强制性规定的可再生能源配额比例）要求投资者拥有的公共设施——本案例中即是太平洋煤气电力公司——到2020年之前发电量中可再生能源发电占比例达到33%，比2008年的比例要增加20%。

波索山热电联产有限责任公司为期20年的购电协议在2009年到期时，公司决定，考虑到增加可再生能源作为发电燃料的命令要求，要想从加州公共事业委员会（PUC）获得重新发电的批准，最佳途径就是改造电厂使用非碳基燃料来源。等加州公共事业委员会于2010年批准之后，厂里的锅炉改造成生物质专用，而且安装了存储和传送系统，确保生产现场的生物质能满足30～45天的供应量。混合燃料包括果园修剪后的废弃物、坚果外皮和果核等农业废弃物以及施工的木材剩余废弃物。[14]

波索山热电厂最初的选址是为了利用与波索山油田临近的地理位置优势，这座油田位于内华达山脉南部丘陵地带，是一座出产石油和天然气规模较大的浅表层油田。采油作业需要从电厂购买电能和蒸汽；而按照互惠协议，冷却蒸汽冷凝水被返还到电厂，用于冷却。[15]现在改造后的电厂仍可以从其他本地可用资源获益：多亏了附近生物质丰富的果园、农业耕作、养牛场和林业区域，电厂附近的废弃物足可用作燃料发电。更有甚者，为了追求更高的年产量，种植者已经采用了新技术，使得产品生命周期缩短；这样导致树木替换加速，意味着农业木材废料供应量加大。例如坚果类树木大部分到了20年，而不是之前的30年，就会拔掉重栽。[16]

波索山热电厂改造项目也受益于新市场税收优惠计划，这是联邦政府于2000年设立的，目的是为了鼓励低收入地区的股权投资。税收优惠额等同于项目为期六年总投资额的39%。[17]

改造项目为当地社区带来的另一个好处是空气质量的改善：电厂每年需要335300吨木材生物质，不然这些废木材就会在野外焚烧，释放二氧化碳；要不在垃圾填埋场腐烂，释放甲烷。电厂升级后的排放控制设备也能够过滤95%的气体微粒排放，甚至超过圣华金河谷空气质量管理区域的严格标准。最后，木灰作为电厂的副产品，或者可以用于附近农业和林业土壤增肥，或者可以撒到附近的牧场，防止奶牛场的蹄病。[18]

长远来看，仍然存在着挑战，包括生物质随季节变化供应量，确保其清洁和处理特点在正常操作参数范围内。据波索山官员说，电厂针对这些问题的部分解决之道，在于平衡农业木材废料与城市木材废料。由于生物质的每单位能源强度要低于碳基燃料，改造后有效地将产能从50MW降至44MW。[19]然而从好的一面来看，生物质收集、加工和运输带来的新就业机会已经增加了电厂超过30%的就业。[20]

由当地填埋区沼气为新罕布什尔大学提供能源

根据地球工程中心（Earth Engineering Center）所做的一项持续研究，全世界每年以垃圾填埋的方式处理15亿吨固体垃圾——将能使垃圾填埋产生的甲烷——沼气产能近5000万吨。但现今仅有500万吨甲烷被捕获；余下的4500万吨被直接释放到大气层中。[21]

垃圾填埋区沼气（LFG）回收进行有效利用的好处之一，是回收所必需的大部分基础设施（如气体抽取井和集气管道）已经就位。除了减少有害气体排放，补偿垃圾填埋管理的费用，这样的创举还可以创造就业岗位和新的收入。市政府、能源公司以及各个机构在寻找具有成本效益的选择时，则利用垃圾填埋场的甲烷。

布局优雅的新罕布什尔大学（UNH）的达勒姆旗舰校区，坐落在风景如画的新英格兰，是全美顶级的研究机构之一。作为早期的赠地大学（以及后来赠送海滨以及赠送空间大学），新罕布什尔大学达勒姆校区的设施占地约529547m²。大学设计的气候行动计划旨在到2020年将二氧化碳排放量减少一半，2050年减少80%，到2100年实现碳中和。新罕布什尔大学在2006年朝着这个目标迈出了第一步，自筹资金建起一个热电厂，温室气体（GHG）排放量减少21%。热电厂2800万美元的成本将在接下来的20年从节省的能源中逐步回收。

新罕布什尔大学正在建造自己的热电厂时，距离学校约21km远的新罕布什尔州的罗契斯特市，在全承包回收和环保公司（Turnkey Recycling and Environmental Enterprise，TREE）由新罕布什尔垃圾管理公司（WMI）所有的一个垃圾填埋场，公司管理者早已经开始研究多种方案来解决一个操作问题。这个场地每年接收超过100万吨的固体垃圾[22]——而且在面积达81hm²的垃圾场下面，由降解的垃圾产生的填埋场沼气通过300多个气体抽取井开采，由数公里长的集气管道相连。[23]沼气由大约50%的甲烷，36%的二氧化碳，以及少量的硫、氮和氧气组成。自2006年开始，新罕布什尔垃圾管理公司已经着手处理自己地产上的沼气，并用其中一部分为两个发电厂作燃料，发电达9MW，供附近9000户居民用。[24]但是这种做法还使开采的气体剩余50%没有使用。为了处理剩余的气体，新罕布什尔垃圾管理公司不得不当场将其燃烧。[25]

2006年，全承包回收和环保公司的经理们找到新罕布什尔大学，建议双方建立不同寻常的合作关系，后来被命名为生态线路（Ecoline）。按照提出的安排，剩余的垃圾填埋场沼气将通过管道直接输送到新罕布什尔大学的热电厂。垃圾填埋场会一直持续产生沼气——甚至是无限期的——但是，假设垃圾填埋场要关闭，填埋在地下的垃圾也将能在接下来至少20年持续排放气体。由工程师、科学家、监管者以及供应公司的代表组成的项目团队共同努力，使得这一提议最终得以开花结果。四年过去了，在投入4900万美元之后，新罕布什尔大学的热电厂内，垃圾填埋场沼气已经取代了商业购买的天然气作为燃料，满足大学校区高达85%的电力和供暖需求。新罕布什尔大学是全美第一家使用垃圾填埋场沼气作为首要燃料来源的大学，全承包回收和环保公司和新罕布什尔大学的生态线路预计到2015年可以减少校区30%的碳排量。[26]

成功地实施计划需要扫清几个障碍。第一，由于垃圾填埋场沼气多变的内容物，未经处理的沼气不能在新罕布什尔大学的热电厂里使用。为了解决这个问题，新罕布什尔大学在垃圾填埋场建造了自己的净化设施，去除硫和硅氧烷这类易挥发的有机化学物质，然后热氧化器破坏掉其他的污染物（最终产品是70%～80%的甲烷）。第二点，垃圾填埋场沼气管道途径四个城镇、穿过河流水下，还要经过湿地，必须保障输送过程的安全性，需要办理许多许可证。最后一点，约20km长的输气管道被埋在至少1.2m的地下，其中有的地方需要跨过两座桥梁，所以将管道铺设在地面上。[27]等到达大学校区之后，垃圾填埋场沼气需要和购买的天然气混合起来，这样才能达到新罕布什尔大学设备最低的能源含量要求。[28]还有，既然垃圾填埋场沼气单位体积热含量比天然气低，热电厂的设备必须针对这种新燃料进行改造。[29]

项目总造价4900万美元，一大部分的资金都用于在新罕布什尔垃圾管理公司的地产项目上，建设输气管和净化设施，这么大笔的投资很可能令大学董事会犹豫不决，也在情理之中。但是财务模型显示节约的能源和其他来源的这两方面收入加起来，可以在十年内还清贷款。[30]收入来源是新罕布什尔大学项目融资策略的一个重要组成部分，包括将剩余电力销售给电网，新罕布什尔大学第二个风力发电机的可再生能源信用额度也可以出售；以及清洁能源生产的可再生能源执照，可以转卖给该地区其他电力生产商，因为这些生产商混合的能源生产来源缺乏足够的可再生能源，不能达到州标准。[31]这些收入来源都是新罕布什尔大学项目融资策略的一个重要方面。

项目总体上取得的成功包括巨幅削减对化石燃料的依赖，都令其成为美国其他大学效仿的范例。美国国家环保局授予生态线路项目"2013年年度最佳项目奖"[32]，并认为这个项目每年对环保的贡献等于路面上少开12500辆汽车。对于新罕布什尔大学来说，另一个意义重大的结果是它能够确保能源采购都在本地进行。[33]

尽管这个垃圾填埋场沼气的例子在大学圈里比较罕见，在美国各个市县层面和工业应用中，垃圾填埋场沼气转变成能源的项目总数却是不断增加的。例如在一些社区中，经过处理的垃圾填埋场沼气，为包括校车在内的汽车充当燃料。在2005年，全国垃圾填埋场沼气项目数是399个；到了2010年，数目是590——而且供电量达到148亿千瓦时（kWh），相当于为107万户家庭供电和736000户家庭供暖。[34]然而，除了回收利用现有垃圾填埋场的沼气带来的好处，我们也有正当理由怀疑，是否可以仰仗垃圾填埋场沼气转变成能源作为背景，继续建设垃圾填埋场？尽管有所谓的最佳做法，仍会释放有害的甲烷气体。最后，有机垃圾管理更好的解决办法，在于通过堆肥或生物质化直接回收资源（将有机物质转化为有用的生物质）。[35]

开采荷兰城市水体中的地热能

荷兰的一些城市正在开采海洋和湖泊中的地热潜能，已经有两个率先行动为大家铺平道路。[36]阿姆斯特丹不断扩大的商业区里，Nuon能源公司不再需要写字楼常规使用的能源密集型机械冷却装备和冷却塔，转而开发出一套区域制冷系统，从阿姆斯特丹西南部的人工湖新米尔湖（Nieuwe Meer）里抽取冷水进行制冷。系统能生产76MW的制冷量（等于75000个住户的最大需求量）——而且，与常规制冷技术相比，这种制冷系统减少75%的二氧化碳排放量。在接下来的25年间，每年平均能节省净现值20万欧元的电费。[37]

海牙致力于在2050年之前实现碳中和，在新建社区杜恩多珀已经完全不使用化石燃料，有一家地热厂从邻近席凡宁根海港抽取海水来满足800户家庭的供暖和制冷需求。经过调温的水分配到每所住宅，住宅中还配有辅助热泵按需求增加或降低水温。这个系统的碳排放量和当地传统电厂相比下降50%。[38]另一个区域供热和制冷项目预计年二氧化碳减排量达到4000吨，将依赖从本地井下近2134m的深度抽水（24℃）为4000户新居民以及约5574m²的写字楼服务。[39]

矿井水供暖：荷兰海尔伦的矿井水项目

位于荷兰南部林堡省的海尔伦市政府的矿井水项目，是为了减少生态破坏和碳排放所做的一次独特的尝试，开发当地废弃煤矿的地热能储集。[40]与传统技术比较时，利用矿井热水建造的城镇区域供暖和制冷系统每年碳排放量降低1500吨——达到55%。[41]该项目在2008年底竣工，利用的是一口废矿井：矿井虽已废弃，矿井水仍然越积越多。

当一处矿在开采时，在很多地方需要排水，以减少由水传播的有害化学物质的累积。但是因为废弃矿井总是持续集聚地下水，矿坑可能成为污染物聚集地，这需要持续监测以及不断的排水，以防止含水层大范围污染。[42]

　　然而，废弃矿井内积攒的水能够用作热能来源，尤其是当采矿已经使岩石结构变松，增强土壤和矿井水之间的热交换潜能。[43]当矿井水和热泵连上之后，或者可以用作冬天供暖，或者用作夏天制冷的散热器。水越深，温度越高：通常来说，水深度增加100m，水温上升2.5～3℃。例如，海尔伦煤矿北部较深的一些地点，大约825m的深处，水温达到近30℃；在大约地下250m的深处，水温降至15℃或20℃。由于矿井水深不同，水温也不相同，这样可以高效的在供暖源和散热器之间转换。[44]

　　由于煤矿和其他矿业资源已经枯竭，而且燃煤发电已经让位于更廉价的天然气，许多工业化国家正在开始放弃资本高度密集型的采矿业。不幸的是，当煤矿关停之后，临近的各个城市总是遭受经济和社会衰退。例如海尔伦这个城市的建立就是为了利用附近的煤层资源，曾经在经济发展方面从煤矿受益良多。而到了20世纪70年代，煤矿逐渐衰退，因为天然气利用率越来越高，人们也更青睐于使用天然气。[45]

　　在全世界范围内，许多煤矿已经废弃不用，而其他一些煤矿则变成维护模式，以等待经济形势好转后再开采下贫矿资源。[46]直到现在几乎没人关注过结束开采之后遗留的那些密布的大大小小的矿坑。

　　海尔伦以生物质为燃料的热电联产厂发电后，抽出矿井内的水，输送到当地能源传递站；在这里已使用或是废弃的热能（分别用于预热或者制冷）接下来与建筑物进行交换。小型内部热泵在个别建筑物内按照需求接着升高或降低水温。所有的建筑供暖和制冷系统都与传统锅炉相连，以备应急使用。

　　矿井水满足了海尔伦市政设施和新开发的海尔伦海德住宅村的区域供暖和制冷需要。在海尔伦海德住宅村，这个系统能服务市政中心、200多户住宅（50%都是补贴福利住房），3800m²的商业建筑面积以及16200m²的公共建筑，包括文化、教育和医疗公共设施。[47]如下几个因素支持在区域层面采用地热系统：可用的矿井水；终端使用者的距离较近（海尔伦市）；水温不同且可抽取，不同的水温就使得有可能把矿井水既当作热源又当作散热器；建筑和工业负荷的多样性有助于平衡对系统的不同需求；替代能源价格相对较高；还有愿意投资的合伙人。

　　为了确保热源和散热器随时间流逝仍能保持平衡，建筑物负荷总量对地热的需求必须与矿井热能供应完全匹配。若想实现上述平衡，则需要将矿井水容量、温度和建筑物用户负荷与其他可能的能源——即附近的工业发电量之间持平。两个要素有助于实现该系统整体的高效能。第一，差异化的需求（与建筑类型和占用时间表相关）减少总需求量。第二，海尔伦海德住宅村的净零能耗建筑——高保温值、被动式太阳能供暖、辐射供暖制冷以及废热回收系统——进一步减少负荷。

矿井水供暖作为一个试点项目在当时受到了荷兰经济部的资助，而且得到了欧盟（EU））地区发展资金的补贴，因为该项目适用于北欧后工业时代煤矿周边的其他居住区。该项目2090万欧元的造价相对较高，除去经济部资金和欧盟的补贴，剩余部分由私人投资，以避免增加已经很高的公共事业项目收费价格。通过淘汰大规模燃气基础设施，以及使用建筑内同一套设备既供暖也制冷，就不再需要分开的压缩机和冷凝器，这样也部分的抵消了地热方法产生的额外初期成本。[48]

重要的是，这个项目是不同合作伙伴之间独特协作的结果。在海尔伦市政府的领导之下，项目参与方包括社会住宅协会（Social Housing Association，SHA）韦勒.沃楠以及英国建筑研究所（Building Research Establishment）。该项目还得益于德国的开发援助和法国地质研究与矿产局（BRGM – Bureau de Recherches Géologiques et Minières）的矿业研究建议。[49]然而，最具特色的贡献来自这个社区自身。

20世纪70年代，当煤炭失去市场份额，煤矿纷纷关闭之时，海尔伦经历了经济衰退、失业增加、人口向外迁出以及认同感丧失。但是等到矿井水项目展开之后，老一代煤矿工人的知识变得珍贵无比——帮助定位存水处，确定哪里钻孔，以及估计水温。[50]这种老一代与新一代共同的参与提升了当地居民的士气和斗志，帮助动员当地更多居民支持这个项目。

据估计全世界大概有100万废弃煤矿。世界其他地方的煤矿地下存水可能回报人类同等的热能，抵消温室气体——但是，在本书写作之际，仅有少数项目在利用这种废弃矿内的低位能源。[51]直到20世纪60年代，德国的莱茵河地区经历了密集的铁矿石和有色金属开采活动，深度达到1000m。在该地区大多数被废弃的矿上有数百万立方米的水，提供大量未被开采的地热潜能。[52]在美国，国家可再生能源实验室（National Renewable Energy Lab）于2006年所做的研究是估计宾夕法尼亚州、西弗吉尼亚州和俄亥俄州等阿巴拉契亚煤矿区域的矿井水热能潜力。研究发现匹兹堡附近一个煤矿仅仅抽取3.9%的矿井水就足以满足2万户家庭的供暖和制冷需求。现在这种矿井水绝大部分只是经过简单处理就排放到地表。[53]

能源与农业的结合：太阳能烟囱

根据美国国家可再生能源实验室的一项研究发现，推广现有技术指导绿色能源发电（风能、太阳能和潮汐能），假如支撑的电网能更加灵活，到2050年绿色能源可以满足美国电力总需求的80%。[54]但是许多技术（如果不能说是大多数）仍是单一目的的解决方案。想象有这样一间100%可再生能源工厂与一个大型农业大棚共享场地。自20世纪80年代以来，结构工程公司施莱希和贝格曼设计公司（Schlaich Bergermann und Partner）在具有远见卓识的德国工程师荣格·施莱希的领导下，一直在致力于追求上述目标。[55]

施莱希在1995年出版的著作《太阳能烟囱：来自太阳的电能》中，提出了强有力的理由支持人规模太阳能发电，基于他自己提出并试点的太阳能烟囱理念。施莱希认为这一新兴技术适合人口稀少的广阔地区，并将其称为"沙漠的干燥水力发电站。"[56]他的太阳能烟囱利用了简单的物理学现象：太阳的温室效应能够加热外部进入的空气，由于烟囱底部和顶部空气的温度差驱动气流向上流动（通常称为"烟囱效应"）。

主要动力来自一个较低的透明大盖板下收集的经太阳能加热的空气，然后通过底部的涡轮机，沿高高的中央排气塔强劲上升。集热棚接收进入的短波太阳辐射，保留长波辐射（由棚内地面二次辐射）将内部空气加热至比外部空气温度高出许多。棚内地面自然会保留一定量的热能，而地面上覆盖着装满水的黑色袋子（利用水的高蓄热能力），地面长时间储热的能力得到大幅度增强。[57]

在1986～1998年间，在西班牙马德里南部150km的曼萨莱斯镇运营着一个50MW的太阳能烟囱原型（图3-1）。它一天能够运行近9个小时，发电量水平很贴近施莱希的理论计算。[58]在考虑兴建更大规模发电厂时，基于这间发电厂类推的测量值一直被用来预测可能的产能。

由于太阳能塔的发电量在一定的太阳辐射强度下与集热棚的面积和烟囱的高度成正比，所以不存在利用这个技术的最佳规模或尺寸。[59]理论上讲，一个20平方公里的集热棚和一个1000米高的塔将支撑一个100MW的发电厂。据施莱希所说，集热区面积加倍，产能也翻番，足可以为20万户家庭供电——同时每年减少超过90万吨的温室气体排放量，2～3年产生净能源回报。[60]

考虑到大量的初期投资，因此没有完成过大规模的安装，但是有许多已经处于

图3-1　太阳能热气流发电厂（西班牙曼萨莱斯镇那个原型的新版本）俯瞰图（施莱希贝格曼太阳能股份有限公司）

设计阶段：尤其是纳米比亚的一个太阳能烟囱发电厂（400MW）。纳米比亚的这间发电厂预期将在外面的玻璃集热棚三分之二的面积之内结合农业种植。研究评估了农业和太阳能发电厂结合的潜力，并提出建议：包含农业种植后，利润可能比单独售电的利润翻倍还多。[61]

　　另外两个这样的太阳能烟囱可能也正在进行商业化：一个在美国，另一个在澳大利亚。在2013年5月，得克萨斯州达拉斯的阿波罗发展有限责任公司已获得技术开发权，在得克萨斯州埃尔帕索和拉雷多地区建设一系列200MW的太阳能塔。[62]该项目旨在替代使用化石燃料的发电厂，这些化石燃料发电厂由于环保和经济原因正在逐渐被淘汰。每个太阳能塔每年可以避免100万吨的温室气体排放量，减少使用约200万m^3的饮用水（这是传统技术中发电所需冷却水）。[63]规划在澳大利亚西部图卡纳拉建设类似规模的太阳能塔，产能200MW，1000m高，将驱动32个涡轮发电机。[64]

存储能源以增加绿色能源产量

与风能和太阳能发电相关的一个重要问题是间歇性——当风力下降或太阳不发光时，电力也相应下降。存储在峰值条件下生产的多余电能则会有所帮助。电池存储过于昂贵，但聪明的生产商已经在接近自然资源存储场所的地方建立可再生能源厂。例如压缩空气储能（Compressed Air Energy Storage，CAES）是与风力发电一起使用的，通过独特的地质构造——如有空洞的地下场地能够容留压缩空气，增加风力电厂的整体经济效益。在这种系统之中，夜间产生的电力（夜间用电需求低，成本也低）将空气高压密封在储存处，起到蓄电池的作用。到白天的时候，尤其到了用电高峰期，压缩的空气被释放出来，并注入天然气以增高解压后空气的温度，推动常规涡轮机发电。

在公共事业层面，自从1978年就开始使用压缩空气储能——最知名的是位于德国亨托夫的一座290MW电站，在高峰期向30多万户家庭供电，能够存储用于销售的多余电量。[65]1991年美国亚拉巴马州麦金托夫市一座类似发电厂也投入运行。亨托夫发电厂的系统利用了工业开采碳酸钾或氯化钠之后遗留的矿洞。

美国北达科他州超过三分之一的土地地下都是800多米深的盐穴。[66]这个州也是美国有着最大风能潜力的州。美国电力研究院（the Electric Power and Research Institute，EPRI）与拥有约2023公顷的矿藏租约所有人合作，研究废弃盐矿提供压缩空气储能的方法，并且隔离（捕捉并长期存储）北达科他州燃煤电厂排放的二氧化碳。据估计，废弃矿井内存储的压缩空气能够维持100MW发电机工作24小时；[67]美国电力研究院已经发现美国此类地质结构中八成都适合压缩空气储能。

压缩空气储能每千瓦成本在1500美元，相对比较便宜。同时也很可靠：风能与存储技术结合起来能更可靠的支撑高峰期电网供电，总体效率近75%（剩下的25%在存储和释放时损失）。德国和美国的压缩空气储能工厂分别自1978年和1991年以来一直持续运营。[68]

用电大户纷纷效仿，绿色环保蔚然成风

为了减少碳排放量，其他基础设施服务提供者能做的不只是简单的在运营中结合节能设备或节电措施。他们能购买绿色能源或提供自己分散式的发电。信息与通

信技术（ICT）部门和供水部门已经开展了一些优秀项目，让用电更加绿色环保。

信息与通信技术（ICT）部门使用绿色能源

全球的计算机行业的碳排放量据说可以赶上航空业。2007年，信息与通信技术行业整年的二氧化碳排放量是8.6亿吨当量，或者约是全球碳排放量的2%。[69]按照一切如常的假设，到2020年估计会达到14.3亿吨的二氧化碳排放量。[70]然而，信息与通信技术行业具有前瞻性思维的组织正在通过购买绿色能源抵消大型服务器负载的碳排放量。

企业巨头谷歌公司起到表率作用，设立公司自己的能源附属子公司，以部分的抵消公司巨大的碳排放量。2011年在谷歌公司放弃化石燃料改用可再生能源，并且购买额外的碳补偿配额（在别处进行的减排信用额，从而减少购买者的净碳排放量）之前，它的碳排放量每年是167万7423吨。[71]2010年谷歌公司签订了一个为期20年的电力购买协议，购买114MW的风能。一年之后，又购买了101MW，以批发价格售回电网，同时保留可再生能源信用额来中和自己的电网用电。[72]谷歌公司现在实际上已经进入能源行业中，正在直接与新生产商们签订长期及大规模的风能购电协议。例如在爱荷华州和俄克拉荷马州，谷歌的购电协议直接促进可再生能源新企业的成立，为其他用电大户如苹果和脸书起到了表率作用。

印度现在是全世界第四大二氧化碳排放大国，2011年排放量占全球排放总量的7%，这要部分归咎于其蓬勃发展的手机通信产业。[73]印度有5亿手机用户（这个数字预计到了2015年会翻倍[74]），35万座手机信号发射塔，每座塔需要3千瓦～5千瓦电能来维持传输功能，并为它们赖以发电的相邻发电机冷却散热。这些发电机每年消耗约20亿升的柴油燃料。

印度贾瓦哈拉尔·尼赫鲁国家太阳能计划（Jawaharlal Nehru National Solar Mission）设立的目标是在2022年之前全国安装太阳能发电厂网装机容量将达到20000MW，[75]作为该计划的一部分，印度新能源与可再生能源部（Ministry of New and Renewable Energy，MNRE）将要求到2015年之前50%的手机信号发射塔要安装小型太阳能板（有备用电池），这将能每年节省超过5亿4000万升柴油，并减少大约900万吨的碳排放量。[76]改造工程已经外包给许多独立公司。对于实现了向可持续能源转换的手机信号发射塔公司，政府提供30%的补贴。发射塔公司余下的成本将在接下来的7～12年间通过节省下来的化石燃料费用得到补偿。[77]到2011年底，"太阳能计划"已经为近400座脱离电网供电的手机信号发射塔完成设备更换[78]。

有几个供水部门基础设施的例子很引人注意，如下文所描述的那样，它们结合了补充太阳能系统，展示了跨部门综合利用，和前文提到的太阳能光伏发电通信塔情况类似。这些分散式太阳能发电系统既贡献了绿色能源，又带来了一些附加的好处。

减少供水部门的碳排放

光伏建筑一体化（即BIPV，Building Integrated Photovoltaics）是种有效的场地共享形式，因为光伏阵列不占据额外空间而且发挥双重作用。同样，太阳能光伏方阵安装在水库、灌溉渠或者漂浮在水处理厂水面上，优化现有场地的使用（独立的太阳能光伏阵列和风力发电机组都是土地密集型的，这种单一用途安装的回报率可能极低，与设备场地的土地价值相比可能不成比例[79]）。

水上漂浮式光伏阵列通常安装在塑料浮体架台上，按需要用系泊缆绳固定（图3-2）。除了提供绿色能源之外，这些太阳能发电板还能遮阳，降低水的蒸发率达70%，还要取决于天气；同时，下面水体的热质量也为光伏板降温，提高发电量，延长产品使用寿命。[80]

漂浮式发电系统能挽救许多地方的水质量，包括废弃池塘、雨水渠、水坝还有污水处理设施。在美国水务部门开始意识到有可能把供水和太阳能发电合并的解决方案。总部位于新泽西州的美国水务公司（American Water）是全国最大的公共事业公司，负责售水和污水处理。该公司已经将位于米尔本的卡诺布鲁克水处理厂的约276万3350m³的蓄水库转变成一个发电浮台。共538块太阳能电池板漂浮在一个锚泊系统中，电池板可以随着水平面的变化而浮动，而且可以经受住极端天气的考验，包括东北部结冰/化冻周期。尽管该系统只能满足相对较少的电力需求——仅2%，相当于每年1.6万美元，但太阳能板的遮阳作用能减少水蒸发，还可以抑制藻类和其他有机物生长。这是美国水务公司实施的第六个水上漂浮式太阳能发电项目。[81]

2012年印度的古吉拉特邦国家电力公司在750m的灌溉渠安装了太阳能发电板：水渠的水可以冷却太阳能板，而且减少水体蒸发，能效提高15%。据专家的计算，该地区85000公里的灌溉渠网络仅覆盖10%的话，每年将能够发电2200MW，同时节省约200亿升水，约4452公顷的土地得以保留，否则这些土地将要用于安装单一用

图3-2　水上漂浮式光伏阵列，新泽西州米尔本的卡诺布鲁克水处理厂（感谢美国水务公司提供的图片）

途的太阳能光伏阵列。[82]

　　美国亚利桑那州吉尔伯特的尼利废水回收公共事业公司实施的2.3MW太阳能发电项目造价1000万美元，于2011年完工。光伏板就安装在废水回注池上，这个池子是将净化后的废水注入，以进行进一步渗滤和含水层补给。光伏板阵列面积约为16公顷，这块土地本来是用作单一目的的开发项目——仅保留用作渗滤。太阳能发电将满足该废水厂40%的用电需求，到2031年节约大概200万美元。8000多块太阳能板每年发电超过400万千瓦时（kWh）——足够为430多户美国家庭供电。[83]在光伏阵列的使用期限内，能减少4.3万吨的二氧化碳排放量。这个项目不需要市政府的前期投资成本，通过本地电力公共事业公司——亚利桑那公共服务公司（Arizona Public Service）的投资以及与第三方美国SPG太阳能公司（SPG Solar）的所有者/运营商签订太阳能发电购买协议，实现了项目的开工建设。[84]

基础设施生态学：能源生产者和消费者的结合

瑞典哈默比湖城目标在于实现循环能源和资源流动，还有两个市政项目的目标与之类似，也实现了大幅的减排二氧化碳量。这两个案例都揭示出土地综合利用是如何促进不同基础设施部门之间有益的交换。

垃圾转变成生物质用于交通——法国里尔

法国里尔市政府，与阿姆斯特丹、海牙和海尔伦那些具有远见的市政府一样，选择通过仔细研究其地理物理和基础设施环境，找到有待开发的可再生资源，从而降低碳强度；在这里主要指为公交车队提供能源。里尔大都会城市联合体（Lille Métropole Communauté Urbaine，LMCU）是一个市镇之间的公共合作机构，覆盖北部加莱海峡地区87个社区和120万居民。1990年里尔大都会城市联合体开始利用本市污水处理厂和固体垃圾处理厂的能量和养分的交流，制定一个提供低碳交通的综合计划。

根据里尔市1996年制定的《城市流通计划》（Urban Mobility plan），里尔市的交通出行需求由如下两个要素制约：（1）各个社区不同的需求，包括城市居住区、乡郊土地以及小型村庄；（2）里尔市与伦敦、巴黎和布鲁塞尔的距离。该计划制定目标，到2015年减少90%的私家车出行用车；为了达到这个目标，《城市流通计划》推荐交通改善，到2015年使公共交通使用率翻番。[85]因为该计划也要求减少公共交通的温室气体排放量，里尔大都会城市联合体在推行其他交通战略的同时，开始为公交车队寻找一种无碳燃料。在欧盟委员会"生物燃料"项目的技术和资金支持下，它开始用各种垃圾以生物方式生产气体做燃料。

在欧洲，尤其是里尔对沼气的关注始于20世纪90年代，着眼于减少温室气体排放。沼气（也称为生物质甲烷），是一种由各类垃圾生成的高质量燃料，能用作过程能量（工业所消耗的能源）、热电联产、汽车燃料燃烧以及并入国家电网。[86]当有机物质在细菌作用下，降解成二氧化碳、水和甲烷，产生沼气；这个过程也称为生物消化过程，可以是需氧的，也可以是厌氧的。因为沼气可以便利地从各种植物材料或其他有机物质中获取，包括污水和工业、林业以及农业垃圾，所以沼气被视为一种可再生能源。生产沼气后的残留物也能用作肥料。

马奎特污水处理厂位于里尔市市郊，处理城市三分之一人口产生的污水，每天生产大约15000m³沼气。[87]80%的产出回收用作过程能量和工厂所需的热能，剩余的沼气被燃烧或者浪费掉。里尔市认识到这是一种潜在的能源，在1990年展开了一项试点计划以回收、清洁并升级（压缩）剩余沼气，使甲烷纯度达到95%，就可以为该市一部分改造后的公交车队提供燃料。甲烷的化学成分与天然气类似，里尔市第一批以甲烷为动力燃料的公交车很快投入市场运营，加速度、驾驶操控性有明显改进，臭氧、碳氢化合物，氮氧化物和颗粒物排放量也有显著降低。公交巴士的噪声也下降了60%。[88]基于试点计划取得的成功，里尔市就寻找其他清洁沼气燃料来源，目标是首先将清洁燃料的使用扩展到首批100辆公交车，然后最终推广到整个公交车队系统。

在逐一审视市政各个公共事业部门之后，最终在城市垃圾处理部门找到了答案，一场危机正在这里上演。1998年的一项研究显示，奶牛吃的草如果靠近固体垃圾焚化炉，那么奶牛产的奶则被二噁英（Dioxin）严重污染。所以负责固体垃圾焚化的三间处理厂不得不关闭。由于取缔焚烧处理固体垃圾的方法，城市选择了建造有机垃圾回收厂（ORC）。该回收厂于2007年竣工，成为里尔市另一个提供清洁能源的来源（图3-3）。[89]

有机垃圾回收厂每年大约处理由里尔市87个社区产生的70万吨垃圾。除了城市生活垃圾之外，农业残留物和食品加工后的废弃物也一并加入预先分拣好的有机生活垃圾进行综合处理。这些物质经过环保的驳船运输到达有机垃圾回收厂；垃圾混合物接下来需要大约一个月的时间在无氧消化器内把沼气和污泥（半固态垃圾）分离。一些回收的沼气（甲烷，二氧化碳和水蒸气）直接用来为处理厂供热。其余的经过进一步净化，水洗（使用收集的雨水），浓缩并存储成400万m³的燃料——足够为100辆公交车加气。[90]由于所有从腐烂植物产生的沼气最初是光合成的，所以这种燃料可被视为碳中性的。

被分离的污泥和碎木材屑混合在一起，然后进一步进行热加工后产生34000吨堆肥，然后由驳船运回到农业区。[91]里尔大都会城市联合体将新的公交车停车场和有机垃圾回收厂的场地相邻而建，从而解决了一个长期困扰的难题。在场地并置之前，公交车不得不在污水处理厂加气，增加了行驶的里程数。

据估算，该项目每年可减少使用约1893万升柴油，并且降低两种主要的温室气体排放量——第一是通过用可再生能源替代化石燃料，第二是在污水和固体垃圾处理过程中避免释放甲烷。当与柴油车的温室气体排放量进行比较时，二氧化碳当量

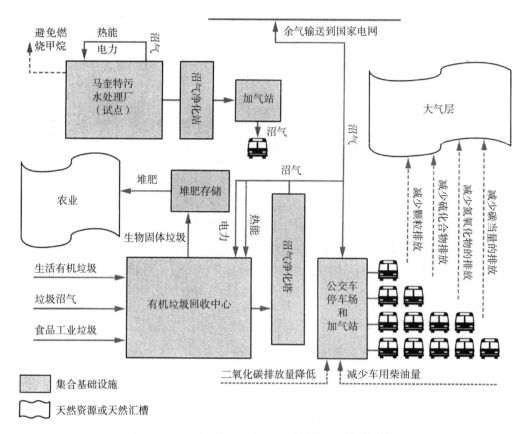

图3-3 里尔城市有机垃圾回收中心和转运中心，法国里尔（希拉里·布朗绘制）

排放物减少超过75%，悬浮颗粒物减少97%，硫化物减少99%，氮氧化物70%。[92]

项目的成功要归功于许多因素，其中包括欧盟的政治和技术支持。公交车的改造和加气设施建设的成本超过200万欧元，这些资金的筹集主要通过欧盟、法国政府和地方政府拨款。[93]一家公交车制造商（雷诺Renault）和一家天然气生产公司即法国煤气公司（Gas de France）则贡献了专业知识。然而，最终，最为关键的因素是当地和地区政府承诺实施生态一体化的解决方案，涵盖交通、污水处理和固体垃圾加工。

氢动力复苏了海岛经济——丹麦洛兰岛

斯堪的纳维亚半岛地区在低碳和无碳技术的应用方面发展得很先进，它可能是基础设施生态领域最具创新性的例子。洛兰岛是丹麦400多个岛屿中的第四大岛屿，一直以来以种植甜菜而闻名。现今因其致力于把碳中和与可再生能源作为经济发展的引擎，洛兰岛变得远近闻名。威斯坦斯考是岛上的一个村庄，正在成为欧洲第一个完全以氢气为动力的社区。2008年，由丹麦能源部出资，在洛兰市（约占洛兰岛一半面积，2007年包括七个不同村庄，其中就有威斯坦斯考和纳克斯考）和创立于2005年的一个地区非盈利可持续发展组织——波罗的海解决方案（Baltic Sea Solution，以下简称BSS组织）之间确立了合作伙伴关系，从而促成威斯坦斯考这一转型。[94]

在20世纪90年代中期，洛兰岛当地的经济受到造船厂关闭的影响而衰退，而这又进一步导致本来稀少的人口数量进一步减少，岛上的村庄尝试复苏经济。在1998年岛上最大的村庄纳克斯考也是原造船厂所在地，决定利用当地海岛独特的资源。它设想的是利用可再生能源——特别是低碳战略组合——以鼓励私人开发。

当时计划是通过将衰败的港口所在地改造成纳克斯考工业和环境园区，这个设施设计旨在吸引可再生能源和农业产业项目入驻。[95]纳克斯考管委会谨慎地将本地税收提高，目的是为该项目集资（这个举措令人震惊，尤其是考虑到当地逼近警戒线的经济状况）；然而，政府希望通过投资为当地社区带来回报。园区成立后，于2007年随之创立的洛兰岛社区检测设备公司（CTF）是一个通过全面的本地化应用，试点可再生能源技术和产品的国际平台。洛兰岛社区检测设备公司的各合作方，包括丹麦能源局（DEA）、BSS组织，以及几个私营工业企业和20家大学，目标不仅是孤立地测试新技术，而且还要催生新技术之间的协同效应。该项目作为经济驱动力，成立新公司的同时，带来就业机会，并扩大研究范围。值得注意的是，洛兰岛社区检测设备公司还召开若干次参与性公共会议，确保社区和私人投资方将会支持当地就业的增加，使得附近村庄对项目的共享所有权有了更高的认识。[96]

丹麦对于可再生能源工业的巨额补贴也有助于该国达成目标——2025年之前通过风能发电满足全国电力需求。[97]在1999～2009年间，洛兰岛风能发电量增加十二倍，归功于500多个陆地和海上风力发电涡轮机（许多是按照示范工程的标准建造的），现在这些风力发电机的年发电量仍可以达到1000千兆瓦时（GWh）。计划增加的离岸风力发电厂将增加发电量到近1500千兆瓦时（GWh），比洛兰岛自用电量多出50%。

2007年洛兰岛社区检测设备公司制定一个计划，把风力发电和氢气生产项目结合起来——二者都需要存储额外风能，而且需要解决首要的不足之处是风能的间歇性。这项计划催生了洛兰岛氢能社区项目（图3-4），这是一个由洛兰岛市政府、BSS组织和IRD燃料电池三家共同开发，并通过丹麦能源局提供的研究经费和补贴的多阶段示范项目。该项目位于威斯坦斯考村，将使用民用燃料电池以进行热电联产，也将能够成为欧盟第一个全面利用氢能的社区。在附近的纳克斯考工业和能源园区建造了一间电解厂，使用电流（来自剩余的风能发电）将水分解成氢和氧。氢气通过一个氢气分配网络被输送到威斯坦斯考村选定的试点家庭进行分散式的热电联产。在每个家庭里安装独立燃料电池——其工作原理是电化学的（无需燃烧）所以实现零碳排放——使用氢气发电，或者按需要供暖，副产品是生活用热水。这种热电联产效率达到近90%。[98]

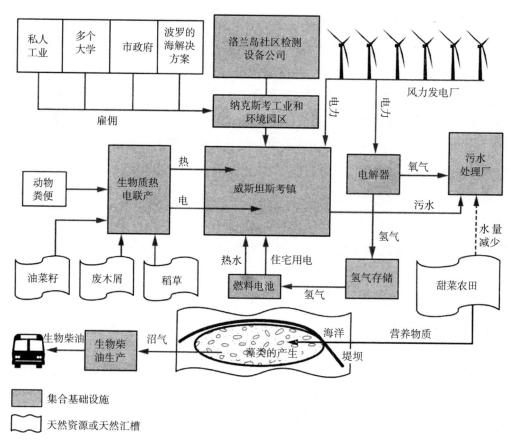

图3-4 洛兰岛氢能社区，丹麦洛兰岛（希拉里·布朗绘制）

　　如前所述，洛兰岛社区检测设备公司致力于推广如何利用当地协同效应的方式方法，这也是洛兰市政府的兴趣关注所在，市政府计划将洛兰岛社区检测设备公司每个项目的设施效用最大化，目的是支持可持续重新开发的长期目标。[99]动态建模工具的应用也推进了洛兰岛基础设施生态学的发展，这个工具是一个非盈利可持续发展组织——美国千年研究所（Millennium Institute）为洛兰岛定制开发的。这个工具分析经济、社会和环境因素以评估跨部门协同效应的潜力。例如，因为洛兰岛大部分可再生能源都属于非连续性，洛兰岛将这些资源整合起来以取得最大化的效率：夜间剩余风力发电要么以较低价格卖回电网，现在则用于生产和存储氢能。分离产生的氧气并没有简单地排放掉，而是经管道运输到当地的污水处理厂，目的是改善处理厂净化水工序的效率。因为洛兰岛的基础是农村农业种植，所以也致力于生物质驱动的区域供暖，主要依靠的是稻草、碎木屑、木屑颗粒以及气化甜菜废弃物。动物粪便出售给新建的沼气厂，这间工厂可以再生产101千兆瓦时（GWh）。[100]

　　这些协同效应提高了威斯坦斯考的发电、供暖和垃圾处理基础设施的成本效率和生态效能——而节省的资金也被用于支持正在进行的可再生能源投资。[101]另一种环保的节约方式是将一些过剩的、营养丰富的地表水从农业领域转移到蓄水池里，这些蓄水池是由新安装的双功能堤坝所形成的。这些可以对抗不断上升的海平面，还可以提供容留区培育藻类，藻类则是用于生产生物柴油燃料。很重要的是，在这些社区控制的地区生产生物柴油，为当地农业社区创造了额外的收入来源，帮助缓解最初要求的增税带来的负担，当时这么做的目的是为重新开发筹集资金。[102]

　　由于其示范项目的成功和当地企业重新开发的努力，洛兰岛获得欧盟额外的资金，旨在帮助贫困地区克服经济困难。凭借洛兰岛的高校、工业和非营利组织领域的合作伙伴，以及为了进一步推动其能源计划成立的一家当地控股的风险投资公司，洛兰岛在丹麦出口创收中成为了典范。

　　洛兰岛持续试验氢气作为能源载体，目前已进行到第三阶段，这将检验规模经济。从金融和能效的角度来说，可量化的结果仍然比较初级。此外，即便假设试验成功，氢气能的市场化仍旧是个问题。虽然从很多方面来说，这是一种吸引人的、低碳的化石燃料替代品，但在自然界中，氢并不是以一种可用的形式出现的，这就意味着需要能量来生产它。涉及安全、高效以及低成本的存储和交付使用方面，还有许多挑战。

　　洛兰岛所取得的突破中有三个方面尤其值得注意：第一，协同效应首先由研究揭示出来，然后在能源、污水处理以及农业部门之间展开；第二，接纳新型产业——当地政府、社区居民以及地区的农民都广泛参与——作为解决失业问题的一种手段；第三，同时对气候变化的预期和反应（第三个方面将在第6章中详述）。

结论

洛兰岛的创业型企业是一个强大的基础设施生态系统——是一个先进的、公私合作的、以社区为基础的绿色能源系统，围绕一个电力、供水、垃圾和农业的综合基础设施网络而组织。[103]尽管其他城市政府的创业活动中，可能不容易复制类似的研究资源和自上而下全国性的投资，但是具有前瞻性思维的公共事业管理者和相关部门还是大有可为，推进新一代集成式能源系统。

公有和私营的煤气以及电力部门可以先尝试与本地未开发的资源进行对接。它们可以考虑生物质和传统煤共燃，或完全用本地可获得的有益生物质垃圾替代燃煤（或其他化石燃料）（这两种做法都需要设备改造和存储能力）。它们可以考虑深水或地下资源，如地热用于供暖或能源储存——可能提高产量。它们还可以考虑垃圾填埋场沼气项目，下一代垃圾变能源的设施（第5章详述），或使用甲烷气体和其他污水处理产生的副产品作为可再生能源。热电联产，尤其是利用可再生能源，增加能源产量的同时还降低碳排放量。在更具有创业精神的层面上，在阳光充足的气候条件下，电力供应商可能会购得未充分利用的土地，在不久的将来，这片土地可以联合并置太阳能塔和粮食生产设施。

同样的，和法国的里尔市一样，公有和私营公共事业公司能够通过就地利用或整合可再生资源，从而更好地掌控自己的能源命脉，降低碳排放量。安装在输电塔、屋顶或其他未充分利用的场地上面的光伏发电板或阵列，或是漂浮在蓄水池或者污水采集区的水面上，能减少水蒸发，同时保护滞留水的水质。

通过正确的伙伴关系、仔细的空间规划和技术集成的最先进战略，包括与电网的连通性，新一代基础设施将最优地利用简单的场地共享功能，从共享的能源和资源中获得附带利益。然而这其中的许多选择将要求提倡和支持政策框架（在联邦、州或地方三个层面上），以支持新的投资周期，这是实现低碳能源的全部潜力所必需的。

短期和长期两种预测带来一些乐观情绪。国际能源署（IEA）估计，到2035年风能和太阳能可以提供全球所需电力的10%，相比2012年的1.5%是有很大进步。[104]美国能源部的国家可再生能源实验室（National Renewable Energy Lab）提出这种利用商用技术的可再生能源发电，结合更灵活的电力系统，到2050年，能满足全美国80%的电力供应，同时"满足美国每一个地区每个时段的电力需求。"[105]基础设施部门不仅有责任，也有机会发挥领导作用。

第4章

发展软路径水利基础设施：
人工系统与自然系统交融

纽约市斯塔滕岛西南部是该市人口最稀少的地区，20世纪80年代中期该地区进入了发展繁荣期，结果由暴雨和污水管道引发的溢流，也造成洪水泛滥和水质恶化。纽约市环保局（Department of Environmental Protection，DEP）并没有安装传统的灰色排水系统基础设施，而是针对该地区水文状况量身定制，选择了一种独特的多功能解决方案。环保局对天然湿地和排水廊道——被称为"蓝带"——进行了升级，增加了储存和过滤雨水的附加功能。

"蓝带计划"包括获得约$40.5km^2$的沼泽地，并通过改造后的河流、池塘和净水池快速消耗流水的能量，再加上砂过滤器和其他的治水防洪元素来扩大沼泽地面积。这个人工排水系统与该地区的自动调节生态系统紧密地交织在一起，不可分割。这些加强版的天然系统与传统大型总排水管的造价相比节省大约8000万美元（2009年），其特色是输送、储存和过滤雨水，减少洪峰流量，改善水质，同时保护优美风景和野生动物的栖息地。[1]

正像"蓝带计划"所体现的那样，在本章中描述的软路径治水模式需要使用本地化低影响水处理系统。[2]软路径系统和其他绿色基础设施一样，就在使用场地内或场地附近捕获、存储、处理并重新利用雨水径流，改善地下水、土壤和空气质量；生物多样性；甚至还有碳封存和气候改造。[3]作为空间上铺散式的自然系统，它们优化的景观和水文特性保持了开放的空间，同时也促进了休闲、观光和教育等方面的用途。此处的软路径系统不同于绿色基础设施，正如本章和其他章节中的案例揭示的那样，也可以发挥跨部门的有益功能：污水处理、营养物质（例如磷酸盐）和生物固体回收用作肥料或发电；还有利用回收的废热或处理后的污水带来的好处。软路径过程与集中的单一目的"硬路径"水利工程（过滤和污水处理设施）形成鲜明对比，在发达国家普遍应用的是后者。单是在美国一个国家，大约16.1万个公共事业供水系统收集、处理并输送饮用水，经常需要远距离泵压供水。[4] 2.1万多个公共污水处理设施提供污水处理或雨洪和污水组合处理服务。[5] 上述两种基础设施建造与运营成本都很高：70%的运营能耗都在于运送和处理饮用水和污水，等同于全国电力需求的近4%。（污泥消化一项就占全美国二氧化碳、氮氧化物和甲烷总排放量的0.5%还多[6]）按照目前的设计施工，这些单一用途的设施被邻近社区视为有害的设施。最后，许多这类公共设施受到气候干扰的威胁，包括频发的风暴和不断上升的水平面。

自20世纪70年代中期以来，污水处理方面的工程师一直对各种生物系统的使用感兴趣，这些生物系统可以在受控（或生物工程）条件下自动处理污水。发挥自然生态功能进行水处理能补充或减少依赖（正如斯塔滕岛"蓝带计划"所展示的）高能耗和密集使用化学成分的传统"灰色基础设施"，甚至通过模仿当地原生的水文环境完全用"绿色基础设施"取而代之。

天然的雨洪和污水处理过程是水流经河床、植物材料和/或土壤，生物体清除沉淀物，代谢（生物降解）杂质，过滤并吸收例如磷酸盐和氮之类的污染物分子。在处理尽可能接近水源的情况下，局部的水平衡（确保水的可用性所必需的流入量和流出量之间的均衡）通过集中式系统的效能得到了改进。[7]

软路径系统也有助于减少处理厂高峰期的流入量并避免污水处理系统的扩张。除了通过避免传统的施工和碳燃料的操作来减少碳排放之外，软路径系统固有的生物质和土壤就发挥着"碳汇"（carbon sinks）的作用，土壤和植物天然的吸收大气中的二氧化碳。最后，通过保护我们的水质和提供充足供水量，软路径基础设施提高了应对气候变化的适应能力。

和灰色基础设施相比，尽管软路径设施的初期投资和运营成本较低，但如果要在保障城市水道的规模上实施却需要大量的金融投资。[8] 并且和任何其他水处理系统一样，它们也需要保养维修才能正常工作。然而，从长远角度来看，增加使用分散的低影响处理系统这种替代方案能够节省大量资金，反过来能使支付水费的消费者得到实惠。

本章所选取的案例在雨洪和污水处理领域的宏观和微观层面上提供了一个窗口，展示从硬路径向软路径转变的过程，突出了后工业时代基础设施的第三条原则：人工系统与自然系统的整合。在很大程度上，雨水和污水处理就是对湿地自然净化过程的高度概括。湿地是水流域至关重要但脆弱的出口，河流也在此汇入大型水体。特定结构的地面覆有植被，水缓慢流经这样的地面之后改善了水质；这就是基于自然过程的前沿设计所遵循的组织原则，也是本章的重点所在。所举的例子包括在城市道路用地或其他边沿区域的小规模变革式的介入设计；减少和处理雨水（甚至还有污水）径流的市政级别的应用设施。正如本章结尾处所描述的，由于保留了大面积城市水域和排水区，甚至我们的淡水供应系统也有所改善，因为它们对饮用水进行收集、渗透和储存，这样可以减少甚至避免建造昂贵的水过滤厂。

本地化的介入设计积少成多：公路绿化

低影响开发（low-impact development，LID）是指依靠自然生态服务处理雨洪的一套工具和技术，同时还要满足监管标准。自从20世纪90年代开始，联邦政府、州政府和地方政府各个层面都将其视为替代集中式雨洪管理的理想选择。因为水源区域可能有不同的许可要求，然而普遍实施的障碍仍然存在。本国和国外的试点应用以及相关研究证明了这种模式的有效性，也有助于移除许多技术障碍。许多市县都将道路和公共交通用地作为低影响开发的试验场地——因为这些道路路网无处不在，而且对水文功能产生有害影响（图框4-1）。道路生态科学进一步研究自然系统和路网之间相互作用的许多不利影响，包括对野生动物和水生系统的限制。

截至2008年，美国铺设的道路路网长度达到近10470720km——将近是世界上任何其他路网长度的两倍。[9]事实上，美国致力于"汽车居住模式"（铺设的道路、停车场以及车道）占据美国所有不透水地面大约三分之二——此外，占地面积超过111369平方公里，大约等于俄亥俄州的面积。[10]

铺设的单一目的辅路带来多重危害：积累了大气颗粒物的有毒混合物、轮胎和刹车片的橡胶碎片、农药、碳氢化合物、细菌和其他有害微生物，将这些和其他污染物输送到接收水道。这些辅路还阻止含水层补充雨水的渗透，造成局部地区洪水频发，而且增加污染空气的累积。铺装辅路制造了城市热岛效应，甚至改变城市周边的天气模式。最后，铺装的路面分割了居住地，从而危害野生动物和生态系统。

在示范项目中，道路用地的各个部分可以进行改造，促进渗透、存储多余水和

图框4-1　试点项目和指导方针

在空间和材质方面改造过的街道、停车场和其他铺设的区域内，美国的示范项目正引入景观设计工作。展示项目计划和政策的，有俄勒冈州波特兰的绿色街道项目；"圣马特奥县可持续的绿色街道和停车场设计指南"；"低影响开发：城区设计手册"，由阿肯色州费耶特维尔编写；以及芝加哥的街景和可持续设计项目。传统单一功能的道路用地长期以来一直归属民用和交通工程范围，现在正在经过重新构想，通过多项功能的合并从而行使双重甚至三重职责：交通稳静化、新修自行车道、扩大步行区域、连绵不断的树沟、雨洪管理以及丰富且多元化的树冠覆盖面，还有地面植被。

早期的一个政策指导方针《纽约市高性能基础设施指南：道路用地最佳实践》，是2005年由纽约市的非营利组织合作伙伴——公共空间设计信托（Design Trust for Public Space）出版——推行采用公共道路用地的环境策略，同时强调各个部门之间为了整合街道景观最佳实践做法而通力协作的必要性——包括雨洪管理、透水路面、更好的公共事业服务以及多功能景观——并将这些实践与道路用地的设计、施工和整修结合在一起。

这本手册当时是针对一个特定规模而制定的：纽约长达32187公里的铺设车道，占据的面积近乎曼哈顿的两倍。这个指导手册是为了支持绿色道路用地的复合用途，将实践性能目标与人类对城市环境体验的关切结合起来。

时任纽约市市长布隆伯格于2007年首次推出"纽约规划"（PlaNYC）之后，由最初的127项计划演化而来的这个以行动为导向的综合框架，旨在管控城市发展、可持续性以及适应气候变化的议程。他接下来继续在众多部门中提高环境绩效的标准。纽约市公园局（New York City Department of Parks，21世纪的高性能公园）、环保局（纽约规划绿色基础设施规划、湿地战略以及可持续雨洪规划），还有运输局（2009年街道设计手册）都认识到从单一目的的灰色基础设施转变到多功能绿色基建的过程之中，城市街道和开放空间发挥着重要作用。在这些文件指导之下，许多试点项目正在实施和接受评估。

芝加哥铺设的狭窄小路和辅助街道长度约3219公里，分割了芝加哥城长长的街区，成为改造目标。铺装的这些不透水的辅路通常都没有污水处理设施，在改造之后将铺装浅色透水路面，减轻雨洪和污水负担，补给本地地下水位，并且减少局部洪灾和城市热岛效应。[1]截至2010年，已经施工完成超过100条"绿色辅路"。[2]

1　City of Chicago, "Green Alley Program," City of Chicago's Official website, 2010-13, www.cityofchicago.org/city/en/ depts/cdot/provdrs/street/svcs/green_alleys.html.

2　同上。

污染修复。新的道路用地简要概述为把交通安全措施（如自行车道，中央隔离带）和软路径有效景观（由生物和非生物成分组成）结合起来，例如绿色隔离带，覆有植被的生态调节沟（种植各种植物的排水沟），互联的街道树沟，雨水滞留池以及透水性路面。[11]一旦就位，这些特色设计将能减轻气候压力，回收垃圾，循环营养物质并移除水中的污染物。当与其他景观的边缘地块（如高速公路路边，交通附属建筑，景观广场，铁路廊道）更加丰富多彩的道路用地促进生态系统连通性和生物多样性。和湿地、公园、公墓、校园和城市河流廊道，绿色道路用地将大自然的益处回报给城市环境。

街道边缘替代方案：道路用地的激进重构

西雅图的试点计划，街道边缘替代方案项目（SEA街道）属于更富于创见的多功能道路用地介入设计，由西雅图公共事业公司（SPU）的规划师们与当地社区团体协商开发。项目着眼当地的和生态区的水质和水量，还包括车辆和行人安全措施以及舒适设施——与传统排水系统相比节省大量资金，可用于上述设施建设。

考虑到当地水域盛产该地区珍贵的鲑鱼，总体目标包括恢复河流，保护附近水生环境。街景的目标则包括减少径流量和流速，并消除污染物——油、重金属、宠物垃圾、化肥和杀虫剂——否则会导致下游的污染。

西雅图公共事业公司选取了西雅图西北部人口密度较低的一个典型住区街道，长达两个街区，约9308m²的排水试验场地。街道于2001年春季完工，特点是把街道做成蜿蜒的形状，可以减缓汽车行驶速度（图4-1）。因为道路用地模仿的是场地开发前的自然景观，在处理雨洪时不需要传统污水和雨水管道。相反，径流被导向了生态调节沟——种草的沟渠，为了收集、传输、处理和渗透雨水——位于路基两侧；这些生态草沟两侧铺装土壤、河石和鲑鱼友好型植物（莎草、灯芯草、牧草）。街道两旁住宅前院共种植超过100棵常青树和1100棵灌木。这些植物再加上生态调节沟，既提供了美景供观赏，又保证隐私；同时"蒸散"[12]收集的雨水。[13]

凸起的路缘被替换成约0.6m宽的浅色透水混凝土铺装路面，紧挨着沥青路面的行车道，之前路宽由约7.62m变窄至约4.23m，而现在这种设计有效增加道路宽度，也满足市政法规的要求（需要足够的街道宽度让消防车能够通行）。单独一条蜿蜒曲折的人行道，结合密集的斜角停车位，景观施工有了用武之地，还鼓励邻里互动。

街区的住户和西雅图公共事业公司共同维护这里的道路用地。两年的连续监测

图4-1　街道边缘替代方案（SEA Streets）项目，华盛顿州西雅图（感谢西雅图市政府档案馆，编号155416）

显示，街道边缘替代方案项目（SEA街道）将街道雨洪径流总量减少了99%。在汛期降水高峰期，该项目使街道减少至下游水域雨洪排放量达到常规西雅图街道的4.7倍。西雅图公共事业公司进一步估算，基于自然排水系统的基础设施，其成本比传统路侧系统要低25%，主要是由于就在场地内减少雨洪径流，这也就不需要额外准备抽水管和污水存储槽。[14]

现在这个街区生活质量的提升以及这个试点项目吸引了许多游客，也反过来促进当地的环境管理工作。街道边缘替代方案项目作为一个典范项目，加上《道路用地改进手册》的指导，西雅图公共事业公司希望在大范围复制推广生态调节沟为基础的雨洪排放系统，并改善城市北部各个居住区的外观。

都市湿地升级：将皇后广场转变为绿地公园

街道边缘替代方案项目中的街道证明了在道路用地中，用绿色基建替代灰色基建能提高效率，并带来好处。在公路路缘带和疏于养护或废弃的空间（也可以被称为基础设施领域的"棕地")正在应用类似策略，初见成效，包括桥肩和高架的旁道下面或者周边区域。长岛皇后广场的改造复兴正是这种转变的结果。

过去曾是混乱不堪的立交桥和被遗忘的公共空间——有多条机动车道通向横跨东河的皇后区大桥，还有多条地铁线在此汇集，大片供通勤上班族停车的沥青铺设的停车场——这里作为从皇后区到曼哈顿的门户，现在由一处略高的绿化景观统一起来，界定了一个约6070m²的新建公共空间。作为按照《纽约市高性能基础设施指南》（图框4-1）而打造的首批项目之一，现在被称为荷兰溪绿地公园（Dutch Kills Green）的是众多地方政府机构经过前所未有的合作后的产物，大家致力于开发一个独特的多功能公共工程。

新建公园比周围路面略高，密集种植了近500棵铁树和其他耐寒树种，树冠如盖，还有能够对抗城市污染物的灌木和当地原生草。[15]植草的路沿、树木以及其他特色可以挡风，过滤阳光；同时帮助减弱周围的噪声和高架上火车的嘈杂声响。绿地公园的运作特点发挥着关键的作用：从联合下水道系统分流的雨洪现在被人工合成的地下湿地收集和过滤，然后用于灌溉公园和隔离带的植被。

广场的重建是必要的，为的是支持迅速发展的住宅和文化区——该地区最近被升级用于高密度的混合用途开发。当地一个集团，现在被称为"荷兰溪公民协会"（the Dutch Kills Civic Association）采取了主动——在城市规划部门的配合下，他们进行了游说，要求在现有的近期资产改良财政拨款中增加皇后广场升级项目的资助金。造价4500万美元的项目沿着通往皇后区大桥长约2090m的道路，改造沿路景观和街景，居民与东河的河畔公园也借由这条景观路统一起来。定时通过的人行横道以及带有隔离带的道路重新划线，有助于实现交通稳静化。一项计划中的照明计划将使高架桥的钢结构充满活力，照亮夜晚的公共空间，并使公园自成一体。

经过重新设计的广场于2012年完工，规范了行人和自行车骑行者的行为，而且机动车和铁路运输循环更加合理化。该项目为这个综合设施提供了审美和社会交往方面的衔接，同时还在纠正仍然存在的不利的环境条件（图4-2）。总而言之，这里对于一个真正的"后工业"社区而言是一个恰当的补充——事实上，这个后工业社区已经失去了很多工业基础。

集中了全体设计团队的艺术和生态敏感性所设计出针对公园的软路径补救性策略——其中最引人注目的是选取了非同寻常的施工材料。项目在规划阶段时，纽约市出台的公园标准规定不准使用透水板砖；但团队设法通过颁发给环境雕刻家迈

图4-2 荷兰溪绿地公园景观图·纽约皇后区（感谢迈克尔·辛格工作室；图片：山姆·奥博特。）

克尔·辛格（Michael Singer）的"艺术许可证"避开了上述规定。迈克尔·辛格是通过纽约市百分比公共艺术计划室（Percent for Art Program）被聘用到设计团队的。辛格定制的混凝土铺路石将地表水引流到湿地和绿植区；带图案的铺路石边缘的凹槽加快水在原地渗透，展示了软路径雨洪管理方法。辛格的艺术创作还体现在公园长椅的非凡设计上。

　　还有一个另类材质应用的例子则是景观设计师玛吉·鲁迪克（Margie Ruddick）利用从现场抢救出的混凝土碎块成排的倒放，用作交通隔离带。[16]尽管它们松散的间距有助于雨水渗透，减少噪声，但这些令人生畏的灰色碎片的主要目的是阻止人们随意横穿马路。对于那些独具慧眼的人来说，这也提出了一个生态寓言：在这个寓言中，人造城市的表皮被解构，以重建一个自然的循环。

　　多重空间和基础设施系统的融合，使得皇后广场的重新设计变得尤为具有挑战性。对于纽约市规划团队的领导者而言，这个项目需要不同部门代表间的高度合作：负责这个高出路面的结构和交通的是大都会运输署（the Metropolitan Transportation Authority）、负责绿化和铺路的是纽约市公园和娱乐局（New York City Department of Parks & Recreation）、州运输部和城市运输处（Departments of Transportation）、纽约市环保局（Department of Environmental Protection ，DEP）以及纽约市设计和建筑局（NYC Department of Design and Construction）。一些创新的措施，包括一个雨洪公园，使用水动力分离器，利用流水的物理原理来捕捉沉积物和其他污染物，以及安装可透水的铺路石，都存在争议，也需要作出妥协。其他需要复杂、昂贵或非常规维护的特色设计和绿化也被排除在外。

到了项目的关键节点，市长的基本工程项目发展办公室就需要召集每一位参与该项目的顾问和有关工作人员，来协调大量的设计和操作方面的细节问题——从灯杆位置到市政管道线、树间距、交通信号灯的时间设置以及车辆通行区域的维护。在市政厅举行长达数小时的讨论会，促进决议的形成。据一位高级规划师潘妮·李（Penny Lee）所说，当初正是"这种'全机构'的形式才使项目得以推进。"[17]在规划和开发过程中，各参与部门开始认识到对一个部门基础设施服务的投资可能支持另一个部门的核心任务；例如，加入绿色基础设施减少了纽约市环保局的雨洪处理负担。最终，这个合作过程对生物工程景观至关重要，它改变了身处广场上的体验。

工厂公园混合处理——多伦多舍伯恩社区公园

北美许多较古老的城市里，一些地方还在使用传统的处理设施，即污水和雨水合流到处理厂进行处理，之后排入当地水体。在发生大暴雨的时候，总负荷可能超出处理厂的处理能力，合流制排水系统径流（CSO）可能使未经处理雨水直接就排入水体。单在美国，超过700个社区就需要应对合流制排水系统径流污染物造成的影响。[18]像芝加哥和多伦多这样的滨水城市主要从附近湖泊抽取饮用水，所以尤其注意水质污染的风险，而且敏锐地意识到解决非点源污染的必要性——沉积物、氮、磷、动物粪便、石油、苯和其他有害物质从不透水的表面通过径流排出。

多伦多当地湖畔一个城市重建复兴项目把收集、处理和输送雨水作为中心组织理念。等到全部实现的时候，多伦多对湖滨地区的重建和复兴——一个之前废弃的工业区毗邻城市核心区——将由数公里的湿地和湖滨大道组成，还有位于安大略湖畔新开发的市民公园。湖滨开发项目占地总面积超过8km²——是北美最大的城市重建项目之一——现在由多伦多的湖滨复兴公司（现在更名为多伦多湖滨开发公司Waterfront Toronto）牵头进行。这个区叫做东部湖湾区（East Bayfront）现在以一个新建的湖滨公园舍伯恩社区公园为中心，公园横贯工业区临湖的土地。[19]场地北端很快将以新建学校、商业和住宅项目为边界，为安静的活动和孩子们的游戏进行了规模的扩展，而俯瞰安大略湖的南部则被设计用来容纳音乐会、节日庆典和其他城市和地区的大型活动。[20]

北端的花园和游乐场到南端的多功能中央水池——夏季为喷水池，冬季为溜冰场——水元素融入公共景观之中。最主要的特征是一条长长的水渠，将净化后的水排入安大略湖，水渠将公园所有元素统一起来，中间穿插着人行桥和道路。

公园清晰的水处理流程呈现了一种优雅的叙事手法——而且也是一个混合了生态与人工过程的场景。场地的径流是在相邻的东部湖湾区公园木板路下储水池收集的，用于在一个人工湿地进行初步的处理。在输送给一个地下净化站之后，水没有用氯做化学处理，而是接受高强度紫外线照射杀菌——这一步骤很关键，因为公园里的水主题就是鼓励亲水接触。[21]经过过滤消毒，处理后的水重新流回地面上，从

图4-3 融合水处理特色的舍伯恩社区公园，加拿大多伦多（图片感谢多伦多湖滨开发公司）

三根雕塑柱子之一的顶端倾泻而下时进行充氧（图4-3）。流入一个升高的水池之后，水经过种着绿植的生物滤床，溢流到长长的南北向水渠——这是整个项目的中心特色。水渠的水经过好几个行人桥下，贯穿整个公园，最后流入安大略湖（其中一些水在排入大湖之前被分流，灌溉园区植物）。

负责重建开发项目的多伦多湖滨开发公司，在多伦多市的公园管理和卫生部门大力推广设计团队采用的不落窠臼的生物和人工综合处理方法——前者可以提供自然过程的公共便利设施，后者是安全保障的另一个因素。舍伯恩社区公园使用的解决方案，目的在于给未来的滨水公园的设计提供信息。尽管处理中心的场地共享增加了项目的初期投资成本，多伦多湖滨开发公司的项目负责人詹姆斯·洛希（James Roche）注意到，设计已经产生回报：公众喜欢公园的城市水道，生动地展示了景观的变革力量。[22]

雨洪公园与渐进式法规——费城

费城饮用水来自斯库尔基尔河（Schuylkill River）和德拉瓦河（Delaware River）在城区内汇聚在一起。约166km²的面积容纳着城市75%的居住人口，60%的城市污水管道与雨水管道合流。有164个合流制排水系统径流（CSO）点，每年可能发生多达85次的严重风暴事件，将多余的污水排放到斯库尔基尔河、德拉瓦河和其他水道。[23]自从1999年以来，费城已经进行了综合雨水管理以减少径流，从而延长了城市目前的雨洪基础设施的使用寿命。消除合流制排水系统径流的策略之一，是把空地变成雨洪公园，其中包含了小规模的处理系统和蓄洪设施。社区团体参与公园的设计，包括了座位、游戏区、壁画和景观绿化等。

自从2007年以来，费城已经使用饮用水和雨水的收费系统，制定绿色基础设施实践标准，为公共和私营企业的发展提供现场雨水管理。用户按照打包价格支付，而价格反应的是场地不透水地面的比例，但是针对能满足特定标准的绿色基础设施措施，他们也接受雨水信用额度。考虑到在项目第一年推出时所采取的措施的范围，费城预见到：等到2014年项目全面铺开，上述措施和其他低影响措施将管理约2.54cm的雨水（即24小时之内一个场地有2.54cm的降水）并将合流制排水系统径流输入减少约1137亿升，从而为市政减少了1亿7千万美元的处理成本。[24]

2011年，费城与美国环保署签署了一份协议，批准了一项为期25年、耗资20亿美元的"绿色城市，清洁水源"计划，该项目旨在解决合流制排水系统径流引发的水质问题。该计划将依靠公私合营投资来改造近40.47km²的公共或私人地块，采用覆盖面极广的绿色基础设施手段，旨在创造足够的天然吸水过程来管理约2.54cm的雨洪。这是全国范围内最先进、最全面的市政措施之一，这项举措可能会节省数十亿美元的资金和运营成本，同时也会带来巨大的公共利益，包括节约医疗成本，增加城市水道的娱乐功用，地产升值，恢复生态系统服务，以及本地气温凉爽可以节约的制冷用电。[25]

处理污水的人工湿地——加利福尼亚州阿卡塔市

阿克塔市污水处理厂和野生动物保护区（Arcata Wildlife Sanctuary）距离洪堡湾较近，是美国最早使用人造湿地系统处理市政污水的范例之一（图4-4）。污水处理厂的历史表明，一个进步的地方机构通过控制自己的资源，不仅恢复和改善了湿地，以自然的方式处理城市污水，节约了大量的资金和运营成本；同时也开辟这个地块的多种用途——作为野生动物栖息地并为社区提供了被动娱乐和教育机会。污

图4-4 鸟瞰图，阿克塔市污水处理厂和野生动物保护区，加利福尼亚州阿卡塔市（感谢特蕾斯·麦克纳里提供图片）

水处理厂现在仍正常运转，继续对周边社区产生积极影响。

1958年，为了使排放到洪堡湾的水质达到二次处理标准，[26]阿克塔市在原有处理系统的基础上增加了约22hm²的氧化池。[27]这些水体包含经过部分处理的污水，培养藻类和细菌的生长以进一步分解。1968年，该市用氯给这些氧化池做进一步消毒处理。等到20世纪70年代中期，随着更严格的联邦标准的出台，阿克塔市需要作出选择：或者选择升级现有系统，或者选择州政府和本地政府提议的造价2500万美元的集中处理厂，计划可处理整个地区的污水。当时的市长和他的基建部门负责人希望寻找一个本地化的解决方案。

阿克塔市1980年人口数为12850，长久以来这里的许多居民都具有前瞻性生态意识——尤其附近的洪堡州立大学的师生们。该市污水处理特别工作组（由城市和大学官员组成）依靠大学环境工程项目取得的试验进展，包括成功地将部分处理过的废水用于水产养殖的营养（一个自然的清洁过程），然后排放到海湾。[28]大学进一步的试验结果说服了工作组，增加12~16hm²人造的地表淡水湿地，足以净化经过部分处理的城市生活污水，同时提高湿地的生物生产力。阿克塔市基建部门负责人弗兰克·克洛普以及特别工作组预见到了潜在的经济效益，积极争取所在加州和地区的水质量控制委员会出资成为股东，还寻求加州海岸保护组织（Coastal Conservancy）的资金支持。1983年阿克塔市的市议会推进这个创新项目的第一阶段；于1985年开工，成本不到70万美元。[29]克洛普的估计得到了证实：增购土地用于人造湿地处理污水，成本是建造集中处理厂的一半，运营成本是其三分之一。[30]为了在接下来的20年里增加处理能力，阿克塔市购买了附近牧场、锯木厂的池塘和一家已经关停的垃圾填埋场，并变更土地用途——为污水处理厂附近增加了约40.5hm²的淡水和咸水沼泽地。

湿地面积被划分为分阶段处理沼泽和增强处理沼泽，都是表面流（FWS）人工湿地，在氧化池经过部分处理的污水在这里接受进一步处理。污水处理沼泽生长着大量的香蒲草和硬茎的芦苇——它们的根和茎过滤悬浮的固体，而细菌则清除溶解的有机物质（来自氧化池的污水）。水离开污水处理沼泽之后，进一步用氯化法灭菌；然后流进植物更加密集的增强处理沼泽进行三级处理，剩余的有机物（由生物需氧量BOD测定，还包括营养成分含量）进一步减少。[31]在这个阶段，芦苇吸收磷酸盐和硝酸盐，而它们长长的倒影抑制藻类的繁殖。用二氧化硫进行脱氯处理后，水流经一个相邻的6.9hm²的湖泊后汇入海湾。

　　人工湿地的日常养护包括定期收割植物和碎屑，移除植物捕获的磷酸盐和硝酸盐，控制水深，清洗进口和出口，以及管理收集的固体垃圾。[32]

　　正是公共、私营和学术各个部门的独特的合作关系，才实现了这一里程碑式的转变并获得了关键的相关利益。城市享受到低碳的天然污水处理，且维护费用低，通过沉淀、过滤、氧化和吸附完成。之前的棕地现在经过修复成为人造湿地，使公众得以亲近海滨。与附近的池塘和河口一起，生长着多种水生植物的湿地为定居鸟类和候鸟等野生动物提供了丰富的栖息地（约121hm^{2}的土地上大约有270种）。[33]这个综合体现在被称为阿克塔湿地和野生动物保护区（the Arcata Marsh and Wildlife Sanctuary），每年吸引15万名游客来这里观赏美景，徒步旅行。

　　这个方法也产生了重要的自我强化效益。第一，阿克塔市决定放弃建造集中污水处理系统，转而寻求本地化替代方案，在市镇的合作伙伴关系中培养了社区自豪感，并在保护目标方面取得了更广泛的认同。同时，每年有超过20万游客来这里观光，他们的积极经历进一步帮助宣传这种替代式的污水处理模式。第二，洪堡大学的师生为城市提供专业知识的同时也从应用研究中有所发现。

　　第三，综合方法带来对土地用途的长期影响。虽然同意规划建造区域污水处理厂可能会轻易地为不受约束的开发和扩张开辟道路，而相反的，湿地的合并——以及随之而来的对社区森林的收购——竖起一道屏障，保护了景观的优美和文化完整性。[34]阿克塔的案例表明，其他社区在计划扩建现有处理设施或新建处理厂的时候，可以将生态系统与人工系统结合起来。美国环保局指出，表面流人工湿地（surface-flow constructed wetlands）在较小城市能发挥最大功效，因为土地成本较低，而且技术复杂的工厂里熟练操作人员可能较少。[35]在湿地已经丧失或退化的社区中，它们尤其有利于恢复生态健康。

　　污水处理厂与湿地共享场地的做法在加利福尼亚州其他地方，甚至美国其他州也有出现，例如佛罗里达州的奥兰多和莱克兰，以及得克萨斯州的博蒙特，湿地面积超过364公顷。湿地还有增强野生动物繁育的功能，例如，亚利桑那州肖娄和南卡罗来纳湾的南卡罗来纳州的大海岸，水草丰美的湿地吸引着该地区各种各样的水鸟、哺乳动物和爬行动物。表面流人工湿地也被用于纽约芬顿处理城市垃圾填埋场，还有密西西比州的哥伦布和北达科他州的曼丹用它来处理工业污水；亚利桑那州特雷斯里奥斯用它来清除金属和补给地下水。[36]通过示范人工系统是如何与天然系统和谐共处，阿克塔和其他地方使用的去中央集中化的方法正在促进基础设施功能与景观的整合。值得注意的是，他们也在改变公众对垃圾的看法，将其视为一种潜在的资源。

瓦迪·哈尼法变革性的修复工程——沙特阿拉伯利雅得

本章中目前为止所探讨的案例都集中在绿色基础设施网络，达到水平衡，调节温带气候的水质——温带气候是有充足降水的区域。而接下来要展示的案例讨论的是在全世界水资源最为稀少的国家之一使用类似的实践方法，在这里应用了软路径技术来恢复沙漠中排水系统的水平衡；为了使古老的湿地恢复并发展休闲、文化和农业等方面的用途；最重要的是，净化城市污水以获得有益的非饮用水源。沙特阿拉伯现代化的首都利雅得有近500万居民，瓦迪·哈尼法作为主要的河道，是首都西部和北部4500多平方公里区域的自然排水渠道，而长久以来其水质却一直下降，沙特的这个项目成功的重建了河道，并且阻止了利雅得计划修建的化学和能源密集型处理工厂。

尽管这个沙漠环境十分脆弱，降雨量稀少，从历史上来看，瓦迪的供水量和当地人口的用水需求却是可以达到平衡。[37]然而，在20世纪70年代，随着以石油为主的经济的增长，利雅得开始进口昂贵的海水淡化水。新水源的注入导致了地下水的不断增加，然后又吸收了粪便渗流、工业排放和其他污染物;最终，瓦迪河道从一条季节性河流变成了一个被污染、永久流动的河道。[38]

利雅得发展署（Arriyadh Development Authority，ADA）聘请的规划师指出利雅得的水循环浪费：进口的城市生活用水（一桶水的价格等于一桶油的价格）在沙漠中白白流失。[39]2001年利雅得发展署的职员和一组规划师、景观设计以及工程师合作制定了一项大胆的计划，目的是重建瓦迪河道。作为一个为期十年工作计划的基础，该计划包括水利、休闲和旅游等方面的目标，以及控制瓦迪河谷未来发展的指导方针。

瓦迪河道被仔细地重新调整，形成了稳定的斜坡，河道也被拓宽了，以减弱洪峰，消除积水，增加表面积（允许更大的氧化作用，从而改善水质）。[40]成排的大鹅卵石按照一定的间距放置，形成水坝，提供更多的曝气机会。最后，不光滑的石块衬砌和浅滩粗糙的河床增加了水的湍流——为了使其通气，促进微生物的生长，从而代谢有毒物质和过量的营养。

最终阶段的补救措施是在下游的水坝，134个生物修复槽——以人字形的图案

图4-5　瓦迪·哈尼法生物修复槽，沙特阿拉伯利雅得（版权所有：利雅得发展署）

排列，并种满了滨水植物——形成了最终的水净化所需要的食物网。修复槽的石头表面和人造基底积累藻类和其他水生微生物（图4-5）。充气泵增加了水的氧化作用。以藻类为食的罗非鱼完成了食物链的最后一站—— 一系列过程中的最后一步，即"生物积累"了水的营养物质，并代谢了有臭味的氮化合物。[41]该设施预计每月将捕获约1吨罗非鱼。[42]值得注意的是，这种就地天然处理污水的投资成本大约是集中机械式处理厂成本的三分之一。[43]

这套生物修复设施的规模很独特。水平衡的回报也很高：水流在恢复到原始状态后，利雅得发展署回收利雅得的城市生活污水——现在每天大约40万m³，可以满足城市对于非饮用水需求量的三分之一。到2025年，首都的生活污水量将攀升到100万m³。[44]正在进行的监测确保该设施的性能达到或超出预期。[45]

政府将处理过的水无偿分发给农民，以支持农业增产。一些则由炼油厂使用；然而，重要的是，剩下的水又被输送回城市进行公共花园和公园的灌溉，令滨河的房地产绿树如茵，身价倍增，也算是一种红利。瓦迪河道的复兴项目增加了九处主要的滨水公园和六个湖泊，这对于利雅得这种原本缺乏大量公共开放空间的城市来说，无疑是令人欢迎的便民设施。一些新建的景观公园树木成荫，绿草萋萋，沿瓦迪河道的支流一直伸展到毗邻的住区中。[46]环境景观有了如此巨变，沿瓦迪河道的地产价值已经暴增十倍。[47]

　　重建的水道也滋养着沿瓦迪河两岸种植的4500棵枣椰树和35000棵绿荫树。[48]瓦迪河床的本地植被也得以重新恢复：在较干燥的北部地区的长青灌木、阿拉伯胶树和柽柳以及南部吸引野生动物的芦苇、沼菊和灌木。[49]通过重新引进本地动物和建立一个植物苗圃来扩大瓦迪河道的绿化，生态健康得到了进一步的发展。[50]

　　人工和自然元素在整个项目中无缝的融合对接。瓦迪河道两岸行人如织；其运作特色——体现在平台、小桥和铺设的小径——重新吸引了曾经十分警惕的民众。[51]在沿瓦迪河堤岸边精心安排的河湾内，家庭可以在野餐和亲水嬉戏的同时，保有隐私。水道两岸的阶梯欢迎人们近距离感受奔腾的水流。约40km的鹅卵石步行道续接铺设约8km的散步长廊，在凉爽的夜晚，这些步行道灯光璀璨，以鼓励公众使用。

　　项目的经济效益很有说服力：淡化海水的价格每立方米超过5美元，一天循环回收40万m^3将创造一个非常短的回报期。[52]改造项目中花费最多的部分是路基和公共设施的重新安置——包括沿河床分布的高空和地下两种（专用渠道现在隐藏了公用设施，并保护它们不受洪水的侵袭；以前，沿河道分布的杂乱无规划的交通基础设施也被缩减，以减少对交通和环境影响）。

　　除了成本实现大幅度的节约，修复一个退化的自然系统并重新利用，已经促进公众密集的使用，这为起初投资提供了很多理由。瓦迪·哈尼法是"高级思路/低技术"[53]方法的范例——迫切需要用这样的方法来影响21世纪发达国家的公共基础设施，也包括发展中国家，因为水质是一个至关重要的问题。

　　未来，利雅得发展署希望促进私营部门对瓦迪附近的旅游业、休闲开发项目和多功能购物区的新投资。[54]其他文化和环境改善设施也在考虑之中，包括一个自然中心，集中展示管理和使用瓦迪·哈尼法的社会历史各方面。另外的娱乐场所也在规划之中。

　　社区艺术和工程逻辑的成功融合实现了关键的生态目标，为了满足首都利雅得日益增长人口的需求，"利雅得的大公园"是必不可少的。作为利雅得和周边地区的健康天然排水系统，改造瓦迪河道并通过节约用水和降低生产饮用水所需的能源和成本，有助于恢复沙漠中至关重要的水平衡。2010年，为了表彰该项目对世界各地伊斯兰社会的需求所提出的解决方案，瓦迪改造项目获得了著名的阿卡汗建筑奖。当世界各地的城市都在寻求从工业时代造成的污染和荒芜中恢复他们的水体时，设计师们正逐渐认识到：在一个大都市中引入天然的水和河流生物具有重要意义，并加以彰显。

对新需求的创造性解决方案：纽约的克罗顿水过滤处理厂

和利雅得一样，纽约市尽管拥有分布极为广泛的市政供水系统，但数十年来已经成功停止继续建造传统处理厂（这里指的是饮用水供应）。城市的集水区，即三个北部地区，总面积达5180平方公里，包括19个水库和3个受管制的湖泊。每天为南部地区900万人口供应4.16亿m^3的水。自从19世纪首次建成以来，这个庞大的网络化系统一直以天然的方式过滤饮用水。

追溯集水区的历史我们可以看到，采取各种管理策略都是为了确保通过约9978公里长的水管、隧道和沟渠，输送给城市的水仍然是高质量的。然而，到了20世纪90年代早期，由于郊区发展和商业开发，几个集水区，尤其是距离纽约市区最近的克罗顿集水区，已经开始遭受化粪系统、草坪养护、农业和不透水地表径流污染物的影响。[55]

到了1996年，纽约市因为不符合联邦饮用水标准（《安全饮用水法案修正案》，1986年）而遭到美国环保部和纽约州卫生处的联合处罚。纽约市不得不面临两个选择：要么为供水系统建造一个造价高昂的过滤水厂（当时成本估计为60～80亿美元）；要么以其他方式升级保护所有的集水区。根据所提供的具有说服力的经济和生态依据，纽约市政府力挺自然方式，最终也确定了这个选择；然后于1997年1月纽约市政府、纽约州政府、纽约市集水区各个社区、美国环保部和五个环保组织共同签署了《纽约市集水区备忘录协议》，大规模购买土地，并采取大范围的水利保护措施。[56]纽约市之所以选择自然方法，部分依据是对生态系统服务的评价——特别是自然系统的过滤和去污能力。集水区保护能带来进一步收益，尽管没有具体的金额，却已被广泛认可，包括保护开阔空间带来的审美和娱乐（主要是打猎）方面的好处，同时有益于海洋和陆地栖息地。避免使用氯和其他化学消毒剂也是广为人知的优势之一。[57]

从1997年开始之后的十年时间内，纽约市同意投入2.5亿美元用于集水区的整体改善，并额外投入1千万美元用于克罗顿；这些资金再加上纽约州政府下拨的750万美元都用来购买在河流和水库周围作为缓冲带的土地。纽约市的努力行动也得益于当地土地附加的用途规定，与社区团体的合作关系，以及各个农业委员会的协助，他们同意控制农业径流的化肥。[58]纽约市政府向北部各区镇提供了更多的资金，用于资助化粪池系统和当地污水处理厂的升级改造，并改善河流沿线的缓冲地带。最后，纽约市还购买了保护区地役权以保护沿河缓冲区。

尽管纽约市选择替代方案投入数亿美元而放弃新建水处理厂，但克罗顿系统想要避开人工过滤厂的想法最终注定要失败。由于干旱期或用水高峰期有机物质的含量变化，会对水利美学（气味、口感和颜色）造成季节性影响，[59]因此，不得不经常关闭克罗顿系统，这种做法反而损害整体网络剩余量，从而危及网络的可靠性。[60]1998年11月以及随后的2002年，根据联邦法院宣布的一项同意判决书，纽约市开始评估一个水过滤处理工厂的建设场地。项目最终选定布朗克斯区范科特兰公园内的一个高尔夫球场。

纽约市最终被迫使用人工过滤系统来支持系统一部分自然过滤的功能，但这并没有降低它采用空前试验措施所创造的价值，并且成功地避开了传统的水处理方法。大范围的集水区仍然受到自然措施的保护，[61]纽约市已经确保了这些措施在新建的克罗顿过滤处理工厂中能够得到反映和体现。新建的处理厂是一个多功能的综合设施，计划在2014年完工。

新建的克罗顿处理厂将会极大地增加集水区的天然过滤功能，而非取而代之，这必将成为纽约市的同类处理厂的第一家也是全美规模最大处理厂之一。厂区占地面积约3.64hm^2，深度相当于地下六层楼。等竣工之后，日处理能力将达到近109.8万m^3。[62]处理厂地面上仅有一层，顶部覆盖着全国最大的高能效绿屋顶，不仅将成为现有高尔夫球场的一个新的练习场，而且还将用于举办各种各样的公共和社区活动。最值得注意的是，标志性的设计有效地概括了克罗顿流域的功能，在微观层面上，通过设计将景观和地形与人工系统结合起来。[63]

从一开始设计这个处理设施就是要保留场地的水文完整性（图4-6）。原本的透水土壤和岩石构造被约3.64hm^2的不透水混凝土地面所取代，处理厂下聚集的地下水也就容易排出。处理厂的设计目的是减轻地下水的压力，而不是简单地将其作为

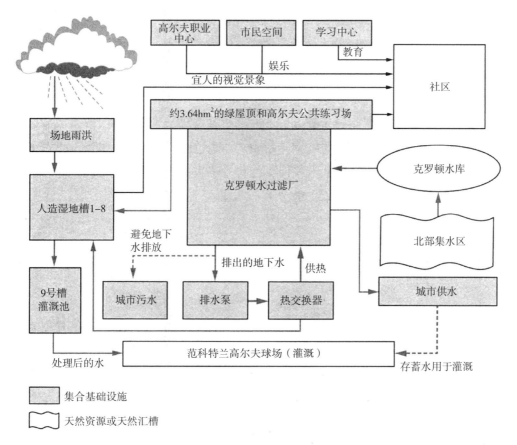

图4-6 克罗顿水过滤厂，纽约布朗克斯（由希拉里·布朗绘图）

多余的水排放到合流制排放系统中；相反，这些水被存蓄在场地内。第一，收集来的地下水（地热水）通过热交换器循环，以帮助抵消建筑物的能源成本；地下水接着被存储在地下蓄水池中，水池也收集屋顶雨水。最后，地下水和场地内的道路和停车场的雨水径流混合之后，用泵输送到屋顶的制高点。[64]接着水沿着十个种有绿植的水池依次倾泻而下，这些水池围绕处理厂四周，组成了发挥效能的湿地。[65]这个综合湿地系统种植的是本地或适应于该地区的植物，通过移除悬浮的沉淀物来清洁水源。固定的低坝和景观岩石为水流通气，增加了溶解氧。[66]微生物分解石油产品，而植物吸收溶解的养分。净化的水存储在最底部，用于建筑物的维护和高尔夫球场的灌溉——取代了之前在夏天灌溉球场所需的约1060m³饮用水。[67]

建筑形式与生态系统颇具创造性的整合，也解决了自2001年"9·11"恐袭之后人们对于安全方面的与日俱增的关切。除了不需要安置有碍美观的安全栅栏之外，环绕处理厂的湿地如同护城河一样，起到保护作用。在其他地方，一些景观要素如沼泽地、沟渠和护堤道都有助于使设施外围既安全又美观（也可参见图5-1）。

　　无论以什么标准来衡量，这项耗资31亿美元的综合体造价都算昂贵，但它仍然为公众提供了复合多重价值，将核心的社会资产返还给了社区，同时改善了园区的水文环境——这种双重的好处将在下一章中进一步讨论。最终，通过展示投资市政公共事业设施用以改善城市水质的同时，还提升了当地生态系统和市民空间，处理厂给未来基建项目设立了一个高标准。

结论

　　对于新一代基础设施，水处理的集成框架必须是对自然水利循环的综合考虑。正如低碳能源战略采用本地可再生能源流来补充能源循环，影响较低的水管理战略也能够利用当地水域和自然景观来优化水循环。

　　从对集水区的预防性保护到清洁、储存和再利用等后期循环，本章的例子演示了减少影响的供水服务——依靠生物工程，结合适应景观——是如何优雅地编织到城市的肌理之中。克罗顿水过滤厂模仿了健康集水区的水利功能。利雅得改造复兴了一个都市河道，原设计是一个水处理设施链，现在已经成为一处主要的公共娱乐设施。还有阿克塔污水处理厂和野生动物保护区，为了增加处理厂的处理能力，一系列人造的湿地被纳入其中，从而避免了城市选择集中水处理服务的需要。多伦多舍伯恩社区公园、荷兰溪绿地公园，以及其他绿色基础设施试点项目的成功之处在于：移除并转移城市受纳水域中的污染物，并利用地形和水的特性来统一和装饰公共空间，减少公共空间噪声的同时恢复其活力。

　　本章中展示的策略和设计理念体现了城市基础设施领域生态设计的新范式。这些替代模式支持的是一种综合视角，要求跨学科之间的合作。解决方案对地区和本地水利模式都很关注，而分散式技术通过使用场地内或就近处理和管理水资源来减少碳排放。值得注意的是，市民们将开始把软路径系统的视觉和娱乐设施与城市区域的整体水质改善联系起来，他们也将逐步意识到，土地升值、保护或提高生物多样性，以及改善微气候，这些方面所带来的好处。最后，艺术创作的愿景为创新铺平了道路，因为艺术家们利用了自己的特权，对环境问题采取非常规的解决方案。

尽管存在成功的模式，但目前还没有可供地方政府遵循的明确路线，可以从硬路径转化到软路径。融资和水质量管控的分隔阻碍了更全面的以系统为导向方法的实施。而且由于在传统处理和输水设施上已支付的成本，任何可用的资金都可能用于维持老化的中央处理厂和日益脆弱的输水网络。因此，在一个水资源竞争日益激烈的世界里，一个可能的结果是，绿色基础设施系统将以更小、更分散的尺度得以实施，从而扩大或升级现有系统。

尽管存在这些障碍，但这些项目的转变证明，地方政府对软路径方法的长期经济效益越来越敏感，再加上他们的生态责任，这些责任的履行与各机构的使命并行不悖。作为支持本章每一个项目的论据，城市可持续性的原则是一种强大的统一力量——也是替代措施的成本效益。当今的公共事业部门正在为未来的综合系统奠基，即基于互联和协同基础设施的新模型。这类系统逐步增多也反映出公众日益勃发的意识：做好准备应对未来的气候不稳定，以及这样的时代为城市水利设施带来的诸多挑战。[68]

第5章

为基础设施正名：
设计社区友好型基础设施

1999年，纽约市计划在布朗克斯区范科特兰公园内建造克罗顿水过滤厂时，遭到周边社区的强烈抵制，这些社区主要由少数族裔和低收入居民组成。但是这项计划也有强有力的支持者，包括南部的建筑工会，他们曾大力游说希望获得施工合同；以及北部地产开发商，这些人认为新建处理厂将减轻北部集水区的保护压力。

居民与环保主义者和其他市民团体联合起来，先是抗议，后来发展到诉讼——反对水过滤厂占用大量的土地，夺走公共绿地，以及施工噪声、交通和污染对居住在场地800m半径范围内26000名居民可能造成的影响。[1]诉讼一度使项目施工延期，但是最终并未胜诉。时任纽约市长布隆伯格和布朗克斯区的官员达成一项协议，承诺向范科特兰公园投资4300万美元用于设备改建，再加上接下来的四年里为布朗克斯区其他公园额外投资2亿4300万美元。在协议中还许诺增加当地人在新建厂里的就业机会，并确保使用缓解措施（例如施工车辆污染控制以及爆破噪音消声）此外还包括社区监督。恢复并返还珍贵的社区公共绿地是纽约市作出的最主要的让步。

为了遵守协议——同时也遭到来自公共设计委员会（Public Design Commission）的压力——纽约市政府聘请了一个世界级的设计团队——正如上一章所描述的，这个设计团队创造性的将一个闭合环式水管理方案融入了设计之中。[2]整个项目场地外围环绕着一道深沟，沟两侧是石墙围砌，还有生物工程植被，重现了纽约久负盛名的供水基础设施伟大设计的宝贵遗产。除了新建的俱乐部和专卖店，项目还有其他的便利设施，例如一个学习中心和社区市民园地（图5-1）。[3]双方的诉讼，以及这些最终的妥协条件，证明在城市中基础设施选址的复杂性和诸多挑战。

即使这些基础设施并不在居民区内，一些对环境有害的设施，例如垃圾中转站、水处理站、输电塔以及燃气发电厂——就算没遭遇公然反对，也有可能引发争议。这种抵抗最早出现在20世纪50年代，即核电站最早被商业化的时候。到了70年

图5-1 克罗顿水过滤厂的地上建筑，纽约布朗克斯区（格雷姆肖建筑事务所版权所有）

代，选址过程变得越来越复杂，因为大众愈加关注环保和公众健康问题。随着80年代环境正义运动的蓬勃发展，社区抵抗活动更讲求策略性，经常涉及诉讼。等到了90年代，面对日益严格的审批和审查程序以及公众对生活质量下降的日益关注，公共事业部门已经开始认识到需要有更多的民众参与到选址和监督运营中。[4]

正像布朗克斯区的克罗顿水过滤厂的案例中所展示的那样，基础设施所在的社区往往承受着巨大的负担和风险。包括破坏性的施工和不间断的运营降低了生活品质，潜在的环境危害以及房地产贬值。不管这些负担和风险是真实存在还是臆想出来的，认识到处理它们的必要性这一点，已经引出了管理后工业时代基础设施的第四条原则：对社会和环境背景的敏感性。在现实生活中，这种敏感性是通过本地社区主动参与表现出来的——对社区所有成员都开放的民主协商的过程。

本章探讨了参与方式和智能设计的方法，旨在确保公共基础设施即便不是非常有利的资产，至少也被认为是相当良性的存在。在更广泛的层次上来看，本章分析的是随着基础设施资产更加全面和有益地融入到社区的结构中，会出现什么样的新机遇——尤其是有形的社会或经济效益。最后，本章还论述了如何利用各种机制调动利益相关者主动参与，或者说服并授予他们权利。

社区友好型基础设施的第一个标志，是通过创造性的设计方案提供客观环境方面的改善，高于公共卫生规范和监管要求。使用复杂的图像、环境信息和巧妙的城市设计，是超越传统基础设施工程综合体的显著进步。第二个特点是合作决策，以确保生活品质得到保护或恢复，同时将社会和经济效益纳入项目规划中：从社区会议室，到会议中心，再到自然中心，这些都可以被称为"额外功能"或者辅助空间，都是专门为了宣讲设施的使命而设计的。第三个特点是共同发展，这意味着，从最初的规划到建设和运营，整个事业都体现了共同协商，环境、社会和经济各个方面的参与。本章里研究的每个项目至少体现出上述一个特点，有助于消除社区焦虑并对受影响的地区做出积极贡献。

新城溪污水处理厂取得的来之不易的进展——纽约布鲁克林

上文提到的三种方法在新城溪污水处理厂的案例中都有所体现，当地社区不断的对纽约市环保局（Department of Environmental Protection，DEP）施加压力才实现这一目标。它与之后的项目形成了鲜明的对比，这些项目是在社区关切之前预先主动进行了调整。

对于任何一个社区来说，要承担的风险——包括入侵、搬迁、污染和破坏——有多大？而收益则会扩大普遍惠及更广泛的公众，这是公平分配（fair share）的问题，因为它涉及基础设施的选址。那些毗邻滨水区或码头区的社区尤为关注公平分配的问题，因为滨水区或者码头区传统上就是污水处理、发电、焚化炉和固体垃圾处理设施的选址地点，还是一些污染和危险品处理行业所在地。随着社区努力恢复城市河道的风景和娱乐潜力，关涉到优先权的冲突可能会加剧——如布鲁克林绿点社区的例子：一个污水处理工厂的扩张引发了一系列冲突，有关公平分配、土地使用和滨水区的通道。只有通过长期的社区行动和广泛的地方咨询才得以实现积极的结果。

新城溪将污水排放到纽约的东河，把布鲁克林和皇后区分开。沿着它的约6.4km长的堤岸墙，连绵分布着这个国家最古老的工业区，拥有超过50个制造工厂，包括炼油厂、石化工厂、化肥厂、制胶工厂、锯木厂、木材厂和煤场。[5]污染的老问题包括一处长达数十年的、约40.5km^{2}的地下油柱，以及最近的一次石油泄漏，污染了沿河道约22.3km²的商业和住宅地产。⁶从下水道和雨洪合流系统中溢出的水对小溪造成了额外的破坏，临近的布鲁克林/皇后区高速路繁忙的交通又增加了机动车对空气和水源的污染。⁷最后，纽约市政的污水处理厂自从1972年开始投入运营，一直达不到同年通过的《清洁水法案》规定的联邦二级处理标准。⁸这家处理厂在纽约市环保局有待升级的处理厂中被拖到了最后，直到2012年一直不达标。⁹

绿点社区居民历史上就多为蓝领阶层，族裔构成多元化，他们一直在忍受着地下室里挥之不去的石油气味，以及长期除臭不合格的污水处理厂散发的臭味。根据环保规划师凯特·泽达（Kate Zidar）所说，这些环境污染行为催生出一个直言不讳、高度活跃的社区，并发展成为"精明的社区选民团体"¹⁰，20世纪80年代末该团体首次发声，质疑当时名为新城溪水污染控制厂（NCWPCP）不合规的污水排放；后来又发起抵制纽约市政府提议的处理厂扩建，但没有成功。1996年经过市政府土地用途评估程序，社区活动积极分子建立了新城溪监管委员会（NCMC）——专门监管水污染控制厂扩建事宜的团体。¹¹

纽约市环保局长期以来一直不遵守州政府许可的要求，为制定环境效益计划（EBP）奠定了基础。1990年依据纽约州环境保护署（New York State Department of Environmental Conservation，DEC）连续发布三份同意令制定了环境效益计划，该计划要求纽约市环保局与社区合作，全面解决环境问题；作为该计划的一部分，之前不达标缴纳的85万美元罚金用作绿点社区改造的专项资金，尤其是和新城溪监管委员会以及社区广大居民通力合作，评估环境问题，并实施具体项目减少污染和保护社区免受进一步环境破坏。¹²作为环境效益计划的一部分，新城溪监管委员会获得了一个指定的"环境监视员"名额来监测臭味、建筑噪声、卡车运输、垃圾、碎片和其他环境破坏，纽约市环保局将因这些破坏行为被追责。根据新城溪监管委员会社区联络员克里斯汀·霍洛瓦茨所说，社区最终与纽约市环保局建立了富有成效的工作关系；在一定程度上正是出于这种关系，新城溪监管委员会在社区中通常是纽约市环保局的最好的支持者。

1999年，水污染控制厂扩建项目—— 一个优雅的银色建筑荣获了该市梦寐以求的公共设计委员会设计奖。纽约市百分比公共艺术计划室（Percent for Art Program）规定要求城市基础设施建设投资预算的1%用于相关的建筑艺术作品，该扩建项目审美功能的强化和新增的公共空间都得益于此规定。并且可能最重要的是，通过提议的艺术项目，社区获得了之前一直被拒建的一条亲水通道（图5-2）。环保雕塑

图5-2 新城溪自然走道，纽约布鲁克林（玛吉·特拉卡斯版权所有）

家乔治·特拉卡斯（George Trakas）作为被选中的艺术家，没有设计平淡无奇的建筑装饰，而是打造出一条沿小溪的公共道路，现在称为"新城溪自然走道"。特拉卡斯还设计了游船停泊处以及可以亲近溪水的石阶，体现出社区对河道不间断的护卫。

2010年，污水处理厂和自然走道又增加了一个新的旅游胜地：新城溪污水处理厂游客中心。纽约市环保局委托制作的展览记录了每日"从南到北"水循环的管理工作，约5180km²的集水区每天为纽约市民提供了约378.5万m³的饮用水，纽约市环保局将约492.1万m³处理后的污水排入纽约港。[13]

在撰写本文时，对工厂和公园的进一步改造正处于规划阶段。对前者来说，纽约市政府已经在环保方面迈进了一大步，计划与一家私人公用事业公司合作，建造一个"消化池气体净化厂"。计划于2013年底开始动工，市政府将从处理厂的污泥中收集和清洁厌氧气体，而之前这些气体都被燃烧掉了。而后"气体至电网"的分配系统将生产足够的电力，可以为2500户家庭供暖，同时避免每年排放16650公吨的温室气体（GHGs）。[14]

新城溪污水处理厂的厂区有游客中心、造型优美的消化池和自然步道，这一切表明在基础设施建设和公共环境之间，即便不能和谐共处，也还是可能存在更良性的关系。伴随后工业综合体的发展，甚至可能提供更多的变革解决方案：工程师团队、城市设计师、景观设计师和艺术家们利用他们的综合技能正在寻找方法，将原本侵入性的基础设施重新赋予创造性的新用途，从而将便利性与实用性结合在一起。

垃圾焚烧发电的基础设施：后工业时代的愿景

尽管许多北欧国家都能接受回收能源的垃圾焚烧厂，但在美国这却是最具争议的基础设施之一。垃圾焚烧发电（energy-from-waste，EfW）厂在欧洲既理想又具有可行性的原因有燃料的高价；缺少兴建垃圾填埋场的场地；严格的（而且严厉的执行）污染控制；[15]还有可以减少碳排放的机会。[16]

2008年丹麦、德国、荷兰以及瑞典四个国家的固体垃圾中仅有不到2.25%是填埋处理，并在垃圾焚烧发电厂里焚烧超过45%的固体垃圾，这要归功于先进的回收政策功能。[17]2009年，美国固体垃圾中54.3%是填埋处理的，仅有12%进入垃圾焚烧发电厂。[18]导致双方这种差异的原因是美国公众总是把垃圾焚烧发电厂与有害气体排放联系在一起，包括汞、二噁英和呋喃。[19]（一些人认为焚烧厂会"鼓励"制造垃圾）事实上，技术升级后是可以控制有害气体排放的：例如，从1990年到2000年，最先进的垃圾焚烧发电厂将其二噁英排放量从4260克降至12克有毒当量（toxic equivalent，TEQ）。[20]

美国国家环保局（EPA）于1995年颁布了更加严格的操作条例，将垃圾焚烧发电指定为可再生能源，基于如下事实——它除了垃圾之外不需要任何新的燃料来源，不然这些垃圾也是送去填埋处理。2007年，美国有87家垃圾焚烧发电厂，发电量约达到2720MW，相当于美国总发电量的0.4%。[21]根据美国环保部的说法，美国的垃圾焚烧发电厂发电对环境产生的影响比其他任何来源的发电厂都要低。[22]而且就2009年来说，垃圾焚烧发电厂与最激进的填埋沼气发电（回收填埋场的甲烷用于发电）相比较，它的温室气体排放量减少了17%～65%。[23]此外，垃圾填埋会持续产生有害气体，包括甲烷、汞以及挥发性有机化合物，垃圾化学渗滤液会污染水源。

伊萨那回收中心和垃圾发电厂——法国巴黎

伊萨那垃圾发电厂谨慎的选择在塞纳河畔伊西莱穆利诺镇的一块棕色土地上设厂，距离埃菲尔铁塔上游约3.2km，是此类电厂位于人口稠密的都市地区的一次大胆全新类型的探索。发电厂于2008年完工，服务超过100万居民。结构规模虽大，外形轮廓却十分低调。除了严格控制的排放量，发电厂还使用了许多改良策略确保当地社区能够接受。

从最初的规划阶段开始，这个电厂的两大首要目标即是减少环境和视觉影响；保护人类的福祉。伊萨那电厂是建立在"邻近性原则"基础之上的，要求垃圾的处理尽可能靠近产生地——在本案例中，不超过9.7km。城市固体垃圾回收设施（MSW recycling facility）与垃圾焚烧发电厂（WTE plant）共享场地，消除了卡车运送垃圾产生的污染排放。

法国负责垃圾处理的最大的公共机构SYCTOM——是大巴黎地区85个地方政府的联合组织，负责该厂的设计和施工。在2000年12月，SYCTOM和伊西莱穆利诺镇签署了一份管理施工的环境质量特许证和一份为期40年的运营协议。特许证中除了列举环境健康和安全目标之外，还成立了一个委员会来监管这些目标的落实。同时，一群当地居民也被委以重任，警示工厂操作员注意任何观察到的噪声、气味、灰尘或其他干扰。对该城镇的其他让步包括，在为厂里招工时优先考虑残疾人。[24]

在垃圾回收处理方面，每年大约55000吨的混合垃圾是通过机械或者手工分类的（图5-3）。成员社区收到的收入取决于他们贡献的分类垃圾吨数。[25]在发电方面，该厂每年焚烧46万吨生活垃圾。产生的废热，转换成高压蒸汽，驱动涡轮机生产52MW的可再生能源，节省约11万吨的化石燃料，以及相关的温室气体排放。剩余蒸汽被输送到巴黎城市供热协会，为7.9万户家庭供暖。厂里的污染液体在现场进行化学处理，并被排放到污水系统中。每年大约收集8000吨的废渣和剩余金属；废渣可用于道路施工的路基，用驳船从厂里运走，从而避免了每天26个车次载重20吨卡车运输，每年也减少了23吨的二氧化碳排放。[26]

减少该设施视觉冲击最有效的策略之一是其低调的轮廓：只有两层在地面以上，看起来就像是办公楼，有漂亮的玻璃和木质包层，和一个生态活性屋顶。[27]只

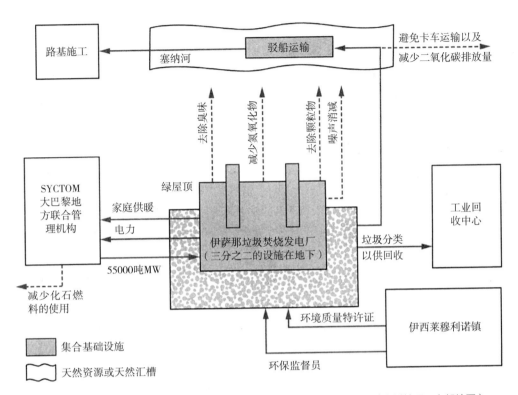

图5-3　伊萨那：伊西莱穆利诺镇生活垃圾分类和能源生产中心，法国，巴黎（由希拉里·布朗绘图）

有排放烟囱稍微高一些的顶部，才会暴露出建筑的真实身份。除了削减该设施的体积，将剩余四层埋入地下减少了噪声：运输垃圾的车辆需要开到地下约30m的最底层（地面以上的建筑额外进行了消音处理）。日光照明的分类中心隐藏在庭院花园下面。一个最先进的处理过程可以去除厂里燃烧气体中99%的微粒，而氮氧化物经由化学过程转化为水和氮；二噁英的测量值是可接受限度的十分之一。[28]

　　被SYCTOM称为"绿色工厂"的伊萨那电厂经常接待来自世界各地的垃圾管理专家。社区的参与带来的进步、先行的决策，对环境特许证的依赖，以及避免工业外观上的丑陋设计——更不用说对噪声、异味和有害气体排放的监管——使这个基础设施设计成为值得效仿的成功案例。

优雅与便利性兼备的中区垃圾焚烧厂——日本广岛

　　由于人口稠密的城市地区缺乏空间，日本焚烧的垃圾比其他发达国家都要多。

但是到了20世纪90年代，经常性的焚烧已经造成了空气中二噁英的含量增高，为人类健康带来威胁。随着最新的污染控制措施出台导致二噁英排放量减少97%——以及对国家能源模式不可持续性作出的反应，在这种模式下，化石燃料的进口满足了全国80%以上的能源需求——日本已经将重点转向了垃圾焚烧发电技术。[29]现在日本国内有21座巨大的垃圾焚烧发电厂为东京居民供电和供暖。[30]

广岛市正在采取积极的措施，以解决二战后发生的无计划重建。考虑到即将到来的城市毁灭的百年纪念，广岛制定了《2045和平与创造力城市》倡议书。作为该倡议书的一部分，广岛市委托日本国内最知名的一批建筑师设计公共基础设施项目，要求他们"通过融合设计，提供优美的城市景观"[31]——融合设计指的是日本所谓的建筑师、土木工程师、景观建筑师、工业卫生学家等人的合作。

为了应对日益严重的垃圾问题，广岛市市长和城市发展局扩大了现有焚烧设施的规模。设计新的广岛中区垃圾焚烧厂尤其是一个敏感的问题——首先是因为焚烧厂的位置，该工厂坐落在一条主干道（广岛市著名的林荫大道，广岛大街）和一个视觉走廊的尽头，广岛和平纪念博物馆与视觉走廊相连；其次是因为建筑师想通过这座建筑恢复这座城市与大海的联系。

建筑师谷口吉生（Yoshio Taniguchi）凭借世界级博物馆设计而知名，这次接受委托后拿出了设计博物馆的态度来设计这个垃圾焚烧基础设施项目。成品被亲切地称为谷口吉生的"垃圾博物馆"，其优雅的构型向来访的游客致以特别的敬意。焚烧设备的整体进行了优雅的包裹，被一条约122m长的玻璃封闭走廊一分为二，这个走廊被称为"生态宫"，每年有近20万游客参观这座工厂规模巨大的内部运作，仿佛走进了博物馆的玻璃陈列柜里（图5-4）。在焚烧厂的地面层，银色的圆柱形气体真空塔，令旁边种植的一排观赏性树木相形见绌。所到之处有日光照明，通风良好，一尘不染。游客路径是广岛大街的延长线，终止于户外的一个露台上，露台在一个新建公共公园的高处，可以眺望到美丽的海港景观。

通过这个通到海边的走廊，垃圾处理的互动展览，市长和建筑师想突出材料、能源和水作为市政服务的相互关系。[32]访客首先从垃圾坑上方六层楼高的位置俯视，看到的是每天运来的400吨渣滓。当他们继续沿着访客路径前进，实际上就是按照燃烧过程参观，蒸汽驱动的涡轮机产生了12.5MW的电力来运行焚烧厂（剩余电力被卖给城市电力公司，为2万户家庭供电）。

来自处理厂热电联产的蒸汽冷凝水为一个游泳池和一个健身中心供暖，还有一

图5-4 "生态宫"一景，中区垃圾焚烧发电厂，日本广岛（照片由真渊健太提供）

个为老年人提供的健康诊所——这些都是值得注意的红利，帮助处理厂赢得了社区的认可。[33]除了庄重的设计和与城市景观的巧妙融合，中区垃圾焚烧厂还展示了"耦合"和"协同"基础设施生态学的概念，以及它融合的各种功能（包括逐级发电和供暖）、游客展馆和社区其他用途。

热电联产设施——丹麦哥本哈根

中区垃圾焚烧发电厂只是公共部门委托建筑师或艺术家的一个例子，目的是为了改变可能令人不快的基础设施。弗里德里希·百水先生（Friedrich Hundertwasser）于2001年在日本大阪设计的舞洲垃圾焚烧厂和污水处理厂充满想象力，色彩斑斓的如洋葱形状的穹顶、尖顶，各种好玩的装饰品和各式彩色玻璃窗户，都使得这里成为主要的旅游景点。[34]

如果说非正统的或有争议的形式可以解除公众的武装，并批准可能有争议的公共工程项目，那么哥本哈根的阿玛格尔岛贝克热电联产垃圾焚烧发电厂就是此类艺

图5-5 阿玛格尔岛贝克热电联产垃圾焚烧发电厂，滑雪坡一侧效果图，丹麦哥本哈根（感谢丹麦BIG建筑事务所）

术的进阶版（图5-5）。该项目造型有点类似一头狼披着羊的外衣，造价4.7亿欧元，于2013年3月破土动工。项目于2017年竣工后将替代之前服务40年的旧设施，使用一种转移注意力的策略，不仅能取悦于人，还能实现其设计者所说的"享乐可持续性。"[35]在发电厂的顶部，游客们可以看到工厂内部的运营情况，然后可以在发电厂人造的1500m滑雪斜坡上滑下，有3个不同坡度可供选择[36]（内部的游客中心也将能接待教育团体和游客，而且可以作为特别活动的背景）。

这家工厂正被精心地整合到市中心外缘的一个工业区，坐落在一个新的"地形公园"中（可接待滑雪者，滑雪自行车爱好者等），同时也有帆船、攀岩和其他娱乐项目。阿玛格尔岛贝克厂将从五座城市收集的焚烧垃圾转变成热能，为哥本哈根97%的家庭供暖，并能为5万户家庭供电。[37]像其他生态工业基础设施的例子一样，这个工厂将提供环保方面的纾缓措施：厂子的外立面镶嵌着绿植的花架，用来管理雨洪和改善空气质量。工厂也有环保进步"公告牌"：累计释放一吨二氧化碳时，工厂的烟囱中将升起一个烟圈。

创造性的补救措施和社区修复工作

复杂的图像、环保信息的传递和巧妙的城市设计都是超越传统基础设施综合体工程的显著进步。其他可以帮助消解社区焦虑的改进措施包括在公共基础设施结构中结合所谓的"额外的功能"空间——即一些附属配套空间，从社区会议室，到会议中心，到旨在提供环保教育的自然中心，重在传达诸多设施的使命。

水处理升级——美国俄勒冈州威尔逊维尔市

由于人口迅速增长，用水需求超过了当地的水源供应量，俄勒冈州的威尔逊维尔市将目光投向了毗邻的威拉米特河——这条河历史上曾遭到农业污水和伐木业污染——将其作为一种可持续并且可靠的饮用水新水源。今天，通过一种方法——包括提取和处理河水（通过先进的沉积和过滤过程），威拉米特水处理厂提供的饮用水超过了联邦标准。

威拉米特市议会和公共工程部门对社区可能关注的问题很敏感，因此采取了一种细致入微的规划方法。除了对该项目进行公众咨询之外，它还组建了一个综合设计团队。这组由建筑师、景观设计师和植物工程师共同组成的设计团队通力合作，项目融入了一个新的景观公园和一个环绕该项目整个场地的河道，从上游的河流取水，水流到系统的终点再流出，俯瞰整条河流（图5-6）。一条小路和河床平行，旁边是一面巨大的混凝土墙，将公园与处理厂隔开。墙上断断续续的开口展示了工厂内部的运转，而标牌则解释了水处理过程中的各个步骤。从场地和其他地方收集的雨水被输送上来，流经水道后注入河床。当水流过岩石，经过水池和瀑布后逐渐变得清澈，让游客们想起了工厂的机械和化学操作模拟自然的净化的过程。[38]

场地配备的舒适设施很恰当适度——有遮阳的野餐桌、岩石上的歇息处、桥梁和观景平台——游客可以亲水嬉戏，而瀑布的声音则会消除附近高速公路的噪声。铺着草坪的公园把处理厂和平行的河岸分隔开，又设计了人行小路可以通向威拉米

图5-6 下游的威拉米特河水处理厂，俄勒冈州威尔逊维尔市（尼克·勒欧版权所有）

特河，将河道以及邻近的社区与其他社区公共空间联系起来。通过结合教育和娱乐元素，本案中获奖的这个项目揭开了饮用水的来源和净化的奥秘。

在凤凰城垃圾转运站解决模式问题

一些最激烈的反对基础设施建设的呼声，主要是反对建设固体垃圾工厂和垃圾转运站设施的提议——这些设施因为增加了卡车运输垃圾而臭名昭著，以及随之而来的噪声、难闻的气味和可能造成有害环境的排放物。

20世纪70年代出现的能源危机，再加上联邦政府要求关闭不卫生的垃圾填埋场，这使得焚烧城市固体垃圾（MSW）成为垃圾处理的优先选择。城市固体垃圾焚烧的比例在80年代末增加到15%，而且到了20世纪90年代，大多数焚烧厂开始回收能源。然而，与此同时，人们意识到水银、二噁英以及其他残留物对人类健康的威胁，美国国家环保局于1990年强制执行空气污染控制系统，许多焚烧厂因为无法达到标准而被迫关停。这一损失再加上环境正义运动的兴起，以及新的回收和零浪费政策的出现，美国的垃圾焚烧发电工业也遭受了极大的挫败。[39]自那时起，各个市政府主要依靠多位于城镇郊区的本地垃圾填埋场。由于这些垃圾填埋场已经达到了最大产能，它们已经被转运站所取代——专门把本地垃圾压缩以便长途运输到美国其他州或是国外的垃圾处理站。

20世纪80年代在美国亚利桑那州凤凰城，垃圾转运站——公共基础设施里的"低等公民"——本身就是一个相当大的改造主题。当迅速发展的城市几乎耗尽了垃圾填埋场的产能，公共工程局（the Public Works Department）并没有舍近求远的寻找很远的地点建设新厂；相反，它选中了一个棕色地块做场地，留出约59.5hm²的面积来处理城市的大量垃圾：每天大约有550辆卡车运送3500吨垃圾过来；等到可回收的材料被回收利用之后，剩下的部分将被转移到在北方约32公里的另一个垃圾填埋场。[40]公共工程局选择在已经关闭的垃圾填埋场旁建立新的转运站，是很有先见之明的举措，它创建了一个社区友好型的模式，为将来在居民区附近安置这样的垃圾处理设施铺平了道路。

凤凰城艺术委员会（the Phoenix Arts Commission）与凤凰城公共工程局建立了重要合作伙伴关系，并从公共艺术计划（Public Arts program）中获得帮助，努力解决城市无计划蔓延导致的日益混乱的环境，并通过创建可识别的以社区为导向的公共工程，来恢复一些自然和文化的景观。凤凰城公共艺术计划要求分配1%的项目建设预算，以支持将特别委托的艺术融入公共工程，总体目标是使这些"公共设施区域……强大，生动而引人注目。"[41]自1986年以来，参与其中的艺术家们共同努力，把凤凰城的运河、高速公路、水务工程和步行景观转变成人性化的、有吸引力的环境。

1989年末迈克尔·辛格（Michael Singer）和林内亚·格拉特（Linnea Glatt）两位艺术家发起了一项巧妙的干预措施，最终产生了第27大街的垃圾转运站和回收中心（图5-7）。辛格和格拉特很早就赢得了公共工程局的青睐，因为他们揭示出施工团队非专业的设计方案存在的问题，并且提供补救措施。这两位艺术家获得许可重新考虑场地和该项目的设计，于是重新设计并改变了建筑的朝向，不仅是为了更好的采光，还为了调整朝向后，管理部门和游客中心所在的一侧不再处于散发异味的下风口。辛格和格拉特还通过在场地周围建立了一个单向循环使人车流动更加合理化，减少了卡车流量的影响，为工人提供了单独的通道，并向游客提供了更优美的景观。[42]最终，这个造价1800万占地10hm²的综合体成为了当地的便利设施，在社区

图5-7 公共圆形露天剧场，第27大街的垃圾转运站和回收中心，美国亚利桑那州凤凰城（迈克尔·辛格工作室版权所有，图片：大卫·斯坦博利）

和以前的垃圾填埋场之间创造了一个必要的缓冲区。

辛格和格拉特根据当地文脉的解决方案可以被称为是"解决模式问题"[43]——即优雅而经济地解决多个问题。场地重新进行平整，将设施垫高到发洪水的水位以上；挖掘后剩下的坑成为一个雨洪蓄留池。这个垃圾处理设施可以远眺山景，场地内分布着种有绿植的露台和庭院，大部分设施由河边护堤道作为屏障，临近的社区也无法窥见其全貌。一个新建的社区公园紧挨着工厂的自运区，当地居民在这里也可以存放堆肥和庭院垃圾，并使用救世军（国际性宗教及慈善公益组织，译者注）的旧物投放处。

公共工程局的官员和公共艺术策展人都支持这两位艺术家合作解决问题的方法。尤其是辛格和格拉特帮助设计团队参与了与公众的公开对话，认可社区对该项目的种种关切，同时促进了一项更崇高的事业的发展：减少浪费的消费模式，鼓励可替代的行为，包括堆肥和材料的回收再利用。"环境修复"是整个园区的组织主题。下属的非营利环保组织例如各种回收合作伙伴和"凤凰城美景保鲜队"的总部在行政侧楼共享空间。额外的便利设施包括图书馆、展览空间和多功能的社区用房。[44]

游客们在入口天桥处观看卡车进入下方，从车斗倾倒的垃圾堆积如山，景象叹为观止。厂里设施的运行可以透过楼上展馆里的窗户观看并加以了解。在公共圆形露天剧场（图5-7）——一个评论家称其为"环境疗法的手术室"[45]——观众们在观看玻璃窗后人工和机器分拣垃圾的过程时，又看到了人类制造的垃圾。通过将日常生活中垃圾回收的过程戏剧化，设计师们质疑了社会行为的模式。

工厂综合回收项目现在加工约12.7万吨混合生活固体垃圾（报纸、混合纸张、铝、废金属、玻璃、塑料以及硬纸板），主要源自参与城市自愿回收项目的地区中大约90%的居民所产生的垃圾。[46]大概1500名的市民每个周末在转运站扔掉其他的不可回收垃圾，[47]每年有超过5000名学生来这里参观。

通过高雅艺术的视角，公众更关注固体垃圾处理越发严峻的现实，拥有生态意识的艺术家们也看到了建立基础设施共生关系的机会：附近污水处理厂处理的污水和场地收集的雨水一起用来冲洗卡车、设备和场地；一个人造湿地过滤系统在这些水流入附近的索特河之前，将其净化；太阳能发电板沿着游客入口处上方排布，既遮阴又能作热水器，发挥双重功能；从邻近关闭的垃圾填埋场抽取和输送的甲烷被转移到场地内的一个小型热电联产设施中。即使包括这些封闭循环的附加设施，这个处理厂也远远低于最初的预算，这主要归功于巧妙的权衡，比如去除混凝土板这种多余的美化处理。[48]

本案中设计巧妙的城市垃圾回收中心已经促使凤凰城和其他城市委托辛格建设类似的设施。辛格继凤凰城取得的成功之后，接着应用生态解决方案，同时将美学元素纳入技术基础设施的设计过程之中。他的工作室将利益相关者的参与作为一种手段来超越传统基础设施开发带来的破坏，并与社区建立真正和谐的关系。与环境保护基金的联合出版物——《基础设施和社区：可持续的生存之道》彰显了他的设计作品以及独特视角。[49]

多元化的合作——冰岛斯瓦辛基资源公园

沿着大西洋中脊，在亚欧大陆和北美大陆相互碰撞的地带，蓝湖地热温泉那片浅蓝色水域，对来自附近冰岛首都雷克雅未克的游客来说，具有巨大的吸引力。在这个旅游胜地，游客们在SPA池中享受着约37.8℃的海水，头顶薄雾萦绕，耳边听着海水轻轻地拍打着周围的黑色小山丘。而背景是世界上最大的地热发电厂的蒸汽柱不断升腾。

位于冰岛西南海岸雷克雅未克半岛，地热活跃，1226年火山喷发遗留的一大片多孔熔岩形成的场地上，坐落着私有的斯瓦辛基电厂。地下蒸汽田供应地热海水；这些热水由十多口井输送到地表，为地区供暖和发电。斯瓦辛基发电厂和冰岛其他众多的发电厂年发电总量达到约4400千兆瓦时（gigawatt hour），同时为近90%的冰岛家庭供暖。这些低碳发电厂和水力发电厂的总发电量在该国一次能源总量中所占的份额[50]为82%。[51]

20世纪70年代末的石油禁运令冰岛走向了石油独立。现在冰岛直接和间接利用地热能，能满足全国大多数月份的用电和供暖需要，还包括为游泳池提供热水（371千兆瓦时）、温室供暖（207千兆瓦时）、采暖（5290千兆瓦时）、渔业（528千兆瓦时）还有工业生产过程（505千兆瓦时）。[52]由于改用水力发电和地热能源，在1960年至2000年间，冰岛首都雷克雅未克地区的温室气体排放量从27万吨减少到1.2万吨。[53]

地热厂避免了许多对环境的影响，这些主要是由使用化石燃料导致的。[54]它们只排放少量的氮氧化物，很少或不含二氧化硫，以及少量的二氧化碳和甲烷。目前，许多地热发电厂的主要污染物是硫化氢，这在许多地下水库中都有发现，其排放量也在逐渐减少。[55]地热发电厂和燃煤发电厂以及垃圾焚烧发电厂不一样，地热发电厂不产生实质的剩余垃圾（除了与钻探井相关的建筑垃圾之外）。[56]

斯瓦辛基热电联产厂（图5-8）由五个独立单元组成，横跨深水库，水库内海水与地下水混合，再加上岩浆侵入，深度约为2km。发电厂使用深井抽取水库内的热液（海水）。海水以高压蒸汽的形式上升至地表，气温大约为240℃，驱动10台涡轮机，为发电厂发电约76.5MW，热能150MW。[57]热交换器将一些多余的热能从浓缩的蒸汽转移到淡水中，然后被送到附近的9个城镇用于地区采暖。这些热水也用管道输送到附近的凯夫拉维克国际机场进行融雪工作。斯瓦辛基热电联产厂剩余的海水凝析液则在一个邻近的地表池塘内处理掉——现在这个池塘被称为蓝湖。

随着时间的推移，从盐水中沉淀下来的矿物质（大部分是二氧化硅）在多孔的熔岩表面形成了一层防水涂层；这种涂层再加上海藻，为池塘披上了蓝绿色的外衣。因为水温很高，能杀灭一般细菌，再加上水中的矿物质含量，以及发电厂40小时就要换一次水，蓝湖对于泡温泉的人来说不仅卫生，而且还能缓解牛皮癣和其他

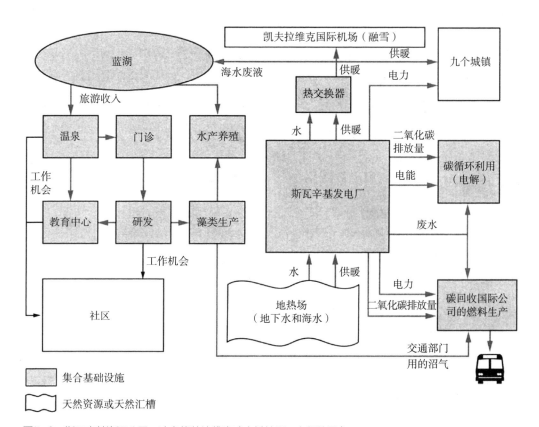

图5-8 斯瓦辛基资源公园，冰岛格林达维克（由希拉里·布朗绘图）

皮肤病。自1976年该电厂开始运营以来，当地居民发现蓝湖水质温和有益，可用于疗养。

发电厂已经促成了几项附属设施的开发，这片区域现在已经被命名为斯瓦辛基资源公园，选择这个名字说明了它的特殊生态观以及经济与社会方面的多种用途。建造这个公园的创意来自私人控股的冰岛HS Orka能源公司，该公司开发了地热电厂，与附近的社区共有产权。公园项目要明智的使用其多种资源，与此同时，通过教育以及研发精心维护园区的生态平衡。

公园的附属设施已经创造了超过180个工作岗位，这些工作岗位都来自共享园区独特资源的设施。著名的蓝湖温泉水疗中心有一个15个房间的诊所，一个皮肤病学研发中心，还有许多其他的设施（游泳池、蒸汽浴、地热瀑布和一个餐馆）。单是spa每年就吸引了超过40万的游客和病人，每年创造超过2100万美元的收入。[58]

埃尔德堡教育中心通过蓝湖水疗中心和电力公司的合作运营，提供现场会议和其他会议设施，以及一个专注于该地区地质和地热活动的教育中心。除了一个皮肤病学研发中心之外，还有一个矿物和生物技术单位研究盐水和藻类的药用特性。其他重点项目包括研究作为鱼食（水产养殖）的藻类培育和鱼干加工设施。[59]

地热厂和资源公园生态系统中的最新成员是由国家能源基金支持的项目——培育微型藻类用于生产新一代生物燃料。这个新项目的场地共享增加了运输部门和能源密集型的工业部门地热能副产品的利用率。[60]蓝湖水疗中心、冰岛HS Orka能源公司、冰岛政府以及一家美国和冰岛合资企业碳回收国际公司（CRI）共同合作使用发电厂的电力从水中分解出氢气。接下来氢气与厂里排放的二氧化碳废气组合形成合成气体。[61]这种气体被压缩、冷却和液化成为粗甲醇，当与汽油或生物柴油混合后，这些气体可以升级为燃料级的气体。[62]碳回收国际公司（CRI）成立于2013年，位于斯瓦辛基园区附近，已经把大约300万吨二氧化碳转变成200万吨甲醇。通过现有的运输燃料基础设施的配送和传统发动机的使用，这种气体会产生更好的燃油效率和更低的污染。[63]这种可再生交通燃料——首个由非生物材料制成的燃料——于2011年引入冰岛市场；2013年，碳回收国际公司向荷兰发运了第一批同类燃料。[64]

冰岛HS Orka能源公司是斯瓦辛基地热厂最初的所有者和运营者，接替它的是碳回收国际公司，这是一家非常进步的公司，它把它的电力供应基础设施看作是当地资源的无缝延伸：地热水库，本地的地下水，以及在互惠、综合的系统中工作的海水。该公司持续关注地区的"宏观"和"微观"历史，以及它的气候、精神和文化传统、政治体制、教育和医疗保健系统以及旅游文化。[65]由于明智地对本地生物地球物理现象实行综合管理，这个综合体发展十分兴旺。

美国如何借鉴地热技术呢？最近的评估表明，美国西部九个州有足够的地热资源来满足美国20%以上的电力需求。[66]然而，这些地热资源发电量只占美国电力的不到1%，其中很大一部分是在能源紧缺的加州。[67]根据美国麻省理工学院2006年发布的一份研究报告称，如果强化版的地热系统（利用深海热液存量）能够在北美大陆部署，在前15年的时间里，公私合营投资在8亿～10亿美元之间，这些电厂将能在接下来50年里提供约100GW的具有成本竞争优势的能源电力。[68]到目前为止，美国获取这种本土资源的主要障碍是对地热技术研发的支持有限；相比之下，欧洲和澳大利亚的此类可再生能源正在商业化。[69]

假如美国准备好创造性地利用美国储备的地热能，沿着冰岛企业家们的发展路线，那么美国也可能获得多重收益。地热电厂对环境影响很低，能够很容易地与大多数农业和娱乐设施共享场地。此外，生态基础设施的开发如果有地热能的支持，则可以在很多地区内展开，即使是那些远离大型居住中心的地区。最后，展望未来，就像在冰岛一样，在充分研发的基础上，例如硅、锂和锌这样有用的矿物，可以有效地从地热废液中提取。这种矿物提取技术将减少传统采矿造成的环境污染，从而提供额外的协同效益。

建设玻利维亚—巴西天然气管道：一个大同联盟在行动

当涉及社区友好型基础设施建设时，最高原则是良好的管理，确保社区权利受到绝对保护和社区需求得到满足。干预的力度越大，风险越高，越需要与利益相关者建立制度化的协商和沟通以及对项目施工的监管。

由巴西一个公私合营企业——巴西国家石油公司（Petrobras）建设的玻利维亚—巴西天然气管道（Gasbol）造价21.5亿美元，体现了针对敏感的社会和环境关注的渐进式管理。巴西和玻利维亚两国间的天然气管道和本章中其他案例不同，在空间上具有分散性，受项目影响的人口既不是城市化的也不是本地的，而呈现多样化和广泛分布的特点。输气管线长度近3219km，贯穿各种地形，跨越两个国家的多个州县城市，以及100多个偏远的小村庄。它穿过世界上一些最脆弱的生态系统，并途经土著居民的领地。此外，尽管该项目输送的是化石燃料，却大量减少了碳排放和城市污染，因为巴西从此可以放弃肮脏的含硫燃油和木材，转而使用更清洁的天然气。[70]

这项事业几乎在每个方面都颇具挑战性——政治、环境以及社会——玻利维亚—巴西天然气管道项目涉及方方面面的参与者，包括玻利维亚和巴西两国的联邦政府以及两国内常常很有主见的州政府和市政府；土地所有者；多个多边贷款机构，包括世界银行、美洲开发银行和几家私募股权合作伙伴；地方和全球环保倡导者和组织；多所大学；土著社区代表；一个环境委员会；以及一系列的非政府发展组织。该项目多部门、包容式的治理和积极的管理方式，都依赖于持续的对话和共识建设，特别适用于复杂的大型基础设施项目。

该项目的施工方巴西国家石油公司所取得的成就引人瞩目，其中包括减少项目对环境的影响以及对文化遗产的破坏，通过巧妙的达成一个"大同联盟"减轻对社会的影响——即政府、企业和居民社区之间有目的的进行合作，以行动为导向，建立共同的基础，并利用每个部门的优势来解决前所未有的复杂的大问题，凭借单打独斗是不可能完成的。[71]由项目建设方采用的大同联盟方法，旨在包容一个庞大而多样化的利益集团，并加快建设工期（仅18个月就完工）。例如，通信和外联服务有助于减少冲突，例如，确保管道布线避开了考古和生态敏感地区，而施工营地不要紧邻原住民地区或小城镇附近搭建。经由一系列的公开会议和社区研讨会——总共有多达900人参加——作为这一总体方法的管理中心，巴西国家石油公司使所有利益相关方透明化并最大限度的实施问责制度，并与受影响的人口合作制定战略，以还利于民。[72]

玻利维亚—巴西天然气管道（Gasbol）当时面临着严峻的生态挑战。输气管道的路线要穿过环境敏感地区以及受法律保护的土地，还有生物多样性的热点地区，包括玻利维亚的格兰查科国家公园、潘塔那湿地（横跨两国的世界遗产保护区）和马塔亚特兰帝卡（亚马逊丛林延伸地带，即巴西大西洋森林）。在进行了广泛的生态评估之后，巴西国家石油公司将环境效益纳入成本效益分析中，将环保方面的红利归因于清洁的天然气燃料取代了原本更加污染的燃料。[73]巴西国家石油公司随后实施了一项总额为3600万美元的创新环境和社会管理计划（超过并高于世界银行公约）[74]，这一计划在拉丁美洲是前所未有的。

巴西国家石油公司第一条策略是避免附带损害。管道路线进行了变更以减少对环境的影响。埋设天然气管道的地役权也与现有的农业和畜牧业用地进行了密切的搭配。只要可行，管道通道就利用现有的道路。这条天然气管道也在重要的河流交汇处挖掘隧道通过。在很大程度上，该项目减轻了建筑施工通常会引发的许多干扰：栖息地的割裂；空气、水和土壤污染；侵蚀和森林砍伐造成的损害；水利模式的破坏。[75]缓解措施包括在13条河流下进行钻探，以减少对河岸的破坏。噪声控制和限制工作时间等措施保护野生动物，特别是迁徙鸟类。管道施工区的树木被选择性地砍伐以减少对区域的影响。为了避免使用杀虫剂，特别是在有土著居民的地区，使用半驯化的鸟类来帮助控制害虫。在这条管道建成后，为了重新在管道上方路面种植植被，当地居民开始从事播种、收获和维护本地植物物种的工作。[76]在玻利维亚，管道所在地役权仍然封闭，不允许通车。最后，巴西国家石油公司提供了生态补偿一揽子计划（玻利维亚100万美元，巴西750万美元）以保护并管理十多个国家级和州一级的公园。[77]

除了利益相关各方参与环境保护措施的决策，考虑铺设管道造成的破坏，当地的补偿性福利分配也咨询了社区委员会和公民社会组织。在一个专设的监察专员的协助下，这些组织参加了各个会议和听证会。"社会审计"——当地社区居民和公民团体代表的持续监控——是另一项旨在保护管道沿线地区个人和社区权利的创新。[78]巴西和玻利维亚两国受到不利影响的社区（非原住民）总共得到440万美元的补偿款用于建立新的学校、市政厅、社区保健设施、图书馆以及本地其他基建（供水、排污、供电以及修路）。[79]其中一些社区额外得到了农业培训和技术援助的机会。[80]更重要的是，仅在玻利维亚，以花费了370万美元为代价，原住民通过约150万hm²土地的所有权项目获得了确定的土地权。[81]最后，该项目采用了一个名为"原住民发展计划"的创新安排，即雇用原住民在一些减少环境影响的部门工作。在减少环境影响、补偿和监督等方面取得的成就——全是隔着遥远的距离进行的协商沟通——都需要所有参与工作的群体间拥有良好的人际关系。巴西国家石油公司的项目管理团队确保始终保持必需的高水准沟通、合作和整合。

玻利维亚—巴西天然气管道普遍被视为通过一个大同联盟进行包容式管理的典型，它已经超出了一个双边模型而创造出一个多边网络结构。[82]这个天然气管道项目已经荣获多个奖项，因为它不仅把对环境的关注，而且还有对社会关注融入到能源部门的实践工作之中。它已经成为衡量未来大型复杂国际基建项目的基准点。

结论

如果本章探讨的案例有任何经验可以传授的话，那么应该是：新一代基础设施必须超越缓解措施，转而提供切实的便利设施，并且必须将社区作为基建中珍贵而且重要的合作伙伴。特别是鉴于过去所犯的错误，侵入性或不受欢迎的投资项目将通过与利益相关者之间透明、频繁而且严肃的协商来进行评估。基于本地参与的方法不仅可以促使社区接受，还可以修复甚至促进信任感和互惠互利。除了建设社会资本之外，在环境保护和再生方面，包容性实践还能创造社区自豪感。在本章的新城溪案例中，社区的积极参与创造了社会补偿与环境修复之间的紧密联系。

此处所列举的示范项目揭示了许多可以促进社区接受的特性：（1）对文脉敏感的卓越设计（伊萨那垃圾发电厂、日本广岛中区垃圾焚烧发电厂）以及品牌重塑（阿玛格尔岛贝克热电联产垃圾焚烧发电厂）；（2）尊重本地生态和经济资源（斯瓦辛基地热厂、威拉米特水过滤厂、凤凰城第27大街的垃圾转运站和回收中心）；（3）包括娱乐、市政或者教育设施（凤凰城项目、威拉米特项目、日本广岛中区项目、纽约克罗顿项目、阿玛格尔岛贝克项目）；（4）积极策略，如程序透明，联合开发特许证，共同管理协议，补偿计划，以及提供当地就业机会（纽约克罗顿项目、法国伊萨那项目、玻利维亚—巴西天然气管道项目）。

在本章以及之前数章中论述的成功案例已经形成了一种包容的、跨部门的方法，得以实现人、项目和环境的共同发展。通过合作，本地参与的各个实体能够自我组织，从而建设更强大的经济、生态和社会资本。例如斯瓦辛基地热厂项目使用的是三个领域联动的方法（公有—私有以及非营利组织），利用本地特有资源，并投资文化教育以及保健娱乐等附属设施，使其成为世界级的旅游胜地。这些成功的公用事业部门采取合作领导的方式，为应对重建和扩建基础设施服务的全球挑战指明了方向。此外，这样的合作可以更容易地引导和支持那些多功能的基础设施生态系统：多元化，而且在某些情况下高度协同增效。

第6章

建立具有适应能力的海岸线和水道：
软硬兼施

位于英国东益格鲁海岸的阿伯茨霍尔农场占地287hm²，在过去400年间一直由一道4km长的海堤（seawall）护卫。到2002年的时候，艾塞克斯潮汐河口的洪水已经多次破坏了这一硬件基础设施。欧盟赞助的一个综合海岸管理计划"我们的海岸"对修复堤坝的替代方案做了成本效益分析，结果显示海堤应该放弃维修；而且应该在五处地点"推倒"堤坝，建立一个80hm²的"软性且灵活的"海岸防御区。现在的阿伯茨霍尔农场里，泥滩、盐沼和淡水湿地被用来吸收潮汐和海浪的能量，并维持一个扩大的栖息地，以利于商用渔业养殖。这里也变成了耐盐作物的家园，它就像一个碳汇，为野生动物提供了一个避风港——和之前考虑施工修复堤坝这种"硬件解决方案"相比，所节约的成本达到50万英镑。[1]

诸多不稳定的气候特征正在全球范围内对关键基础设施系统造成干扰。科学研究推断，气候变暖是毫无疑问的，自20世纪60年代以来观察到的趋势显示，人为温室气体的释放与日俱增。[2]气候不稳定性对于基础设施造成的影响有直接的，也有间接的；热浪、干旱、日益频繁的暴风雨，以及海平面上升无情吞噬的陆地，这一切所造成的影响没有哪个部门能逃脱。国际气候变化专门委员会（IPCC）根据热膨胀和冰融化做出的海平面预测：21世纪海平面将上升18~58cm，随之而来的将是洪水和风暴潮的严重恶化。[3]人造基建系统遭到破坏的可能性越来越大，这将要求基础设施各个部门作出政策的调整。最乐观的情况是，气候影响可能使脆弱的基建设施变得不那么可靠；在最糟的情况下，它们可能引发灾难性的系统崩溃。

国际气候变化条约和议定书主要侧重于减缓措施——减少温室气体排放（GHG）。[4]但是人们也逐渐认识到保护人身财产免受伤害的适应措施是应对气候变化的关键要素。本章探讨的若干案例，体现了新一代基础设施的最后一条原则："基础设施应适应不稳定全球气候导致的可预测的变化"，案例涉及河流和沿海住区。在此，适应性指的是基础设施系统能够预测、吸收、适应和/或迅速从破坏性事件中恢复。[5]自然生态系统已经展示了吸收冲击力、重新调整并高效的以一种新状态重新组织的能力。[6]适应力强的人造系统总是模仿自然系统而建的，设计目的旨在具备相似的能力。[7]

图框6-1　美国气候变化的影响

由于气候变化，美国将在全纬度地区以及陆地海洋上面临困难。例如，在阿拉斯加沿岸，海平面上升已经威胁到了180个社区——其中就包括西海岸的纽托克，一个尤皮克人的村落，由于侵蚀而严重受损，整个村子正在向内陆撤退，平均每个家庭要花费200万美元。[1]

在全美国境内，7.6厘米及以上规模暴雨（24小时内降水达到7.6厘米）频率在1961～2012年增加了不止一倍。[2]密西西比河三角洲和邻近的墨西哥湾各个州受到的打击尤为严重。由于德克萨斯和墨西哥湾沿海多是美国石油和天然气运输行业所在地，数千个海上石油钻井平台很容易受到极端天气事件的影响。2004年，飓风伊万损坏了24个钻井平台和168条管道。2005年，飓风卡特里娜和飓风丽塔破坏了100多个平台——其中包括一个价值高达2.5亿美元的雪佛龙平台，该平台不得不沉入海底——连同近600条输油管道，关闭了9个炼油厂，墨西哥湾沿岸的石油减产20%。[3]在接下来的50～100年，地面沉降（自然下沉）[4]和海平面上升的叠加效应将沿得克萨斯州和墨西哥湾沿岸造成1.2～1.8m的海平面上升，预计永久淹没约3860公里的主要道路和大约396公里的铁路运输线，并影响该区域各个港口超过72%的货运和非货运设施。[5]

2012年飓风桑迪造成的未经处理的污水排放，使得纽约和新泽西的污

1　Kristen Feifel and Rachel M. Gregg, "Relocating the Village of Newtok, Alaska, Due to Coastal Erosion," Climate Adaptation Knowledge Exchange, July 3, 2010, www.cakex.org/casestudies/ 1588 (accessed December 1, 2012).

2　Stephen Saunders, Dan Findlay, and Tom Easley, "Doubled Trouble: More Midwestern Extreme Storms" (New York: Rocky Mountain Climate Organization & Natural Resource Defense Council, 2012), 4, www.rockymountainclimate.org/images/DoubledTroubleHigh.pdf (accessed June 12, 2012).

3　United States Global Change Research Program, "Energy Supply and Use," in Global Climate Change Impacts in the U.S. (New York: Cambridge University Press, 2009), 57, www.globalchange.gov (accessed November 24, 2012).

4　沉降可归因于人为活动（排水、土壤氧化和抽取地下水）以及自然活动（压实和向下弯曲的构造运动）。

5　M. J. Savonis, V. R. Burkett, J. R. Potter, T. W. Doyle, R. Hagelman, S. B. Hartley, R. C. Hyman, R. S. Kafalenos, B. D. Keim, K. J. Leonard, M. Sheppard, C. Tebaldi, and J. E. Tump, "What Are the Key Conclusions of this Study?" in Impacts of Climate Change and Variability on Transportation Systems and Infrastructure: Gulf Coast Study, Phase I (report by the US Climate Change Science Program and the Subcommittee on Global Change Research, ed. M. J. Savonis, V. R. Burkett, and J. R. Potter [Department of Transportation: Washington, DC, 2008]), 6-4.

水处理设施在长达数月的时间里处于瘫痪状态，光是修复就需要花费11亿美元，还不包括一些缓解措施的费用，如搬迁设备至更高处，建造防洪堤以防止洪水泛滥。[6]这次的暴雨还令800万用户停电，停电带来的连锁反应就是停水，供暖服务也中断了。汽油供应网络也瘫痪了。根据大纽约交通运输管理局（Metropolitan Transit Authority）官员的说法，纽约市的交通基础设施遭受了75亿美元的损失，仅地铁系统就蒙受将近50亿美元的损失。[7]

在中西部地区，洪水和日益频发的龙卷风给这些内陆地区带来的创伤已经等同于飓风给沿海地区造成的破坏。1993年的大洪水影响了沿密西西比州和密西西比河道系统805km范围区域；引发杰斐逊市灾难性的洪水；[8]从密苏里州圣路易斯到堪萨斯城的东西主要交通被迫中断，而且北边到芝加哥的交通也中断了——大约六周的时间内占美国总货运量的四分之一都被迫停止。[9]2011年8月，在圣路易斯以南209公里处的一个地区，数日连续遭受致命风暴和龙卷风的袭击导致了黑河的洪水泛滥。当密苏里州坡普拉布拉夫斯的一条河堤在至少4个地点发生问题时，有7000人不得不撤离。[10]

6　Michael Schwirtz. "Sewage Flows after Storm Expose Flaws in System," *New York Times*, November 29, 2012.

7　See: http://m.npr.org/news/front/166672858.

8　US Global Change Research Program, *Global Climate Change Impacts in the United States*, ed. T. R. Karl, J. M. Melillo, and T. C. Peterson (New York: Cambridge University Press, 2009), 120.

9　National Research Council, *Potential Impacts of Climate Change on U.S. Transportation*: *Special Report 290* (Washington, DC: Transportation Research Board, 2008), 81–82, http://onlinepubs .trb.org/onlinepubs/sr/sr290.pdf （accessed April 5, 2010）.

10　CNN Wire News Staff, "Missouri Levee Fails, Prompting More Evacuations," CCN, April 26, 2011, www.cnn.com/2011/US/04/26/missouri.levee.failure/index.html (accessed April 27, 2011).

本章中研究的案例关注提升沿海和河道对洪灾的适应力。根据忧思科学家联盟（the Union of Concerned Scientists）所公布的结论，海平面正在上升——而且速度在加快。这是由于全球气候变暖融化了冰川、冰盖和冰层，[8]同时，温度升高改变了天气模式，干旱和蒸发加剧，这都需要强化现有水资源。在下一章中，我们将讨论面对用水压力和水资源稀缺，基础设施如何适应性地进行调整。

沿海地区洪灾适应措施：海岸加固

全世界有10%的人口居住在称为"低海拔的沿海地区"，[9]占地球陆地总面积的

2%。这些定居点面临的最大风险是海平面上升和风暴潮，以及海堤的破坏、侵蚀、湿地的丧失以及沉积物的流入。由于诸如发电站、污水处理和固体垃圾管理厂以及泵站等关键城市基建系统在历史上一直位于沿河流域或海岸附近，它们以及附属的变电站、天然气管道和垃圾填埋场，都将受到洪灾的影响。通常位于海滨的隧道和沿海机场也会受到洪水的影响，桥梁易受河流冲刷（水流磨损桥墩）的影响，这可能破坏它们的结构完整性。最后，广泛的相互依赖意味着，一个基础设施领域遭受洪灾可能会引发其他设施的关闭：例如，交通中断可以阻碍燃料运送到发电站，而低电压则会影响或停止水过滤厂和污水处理厂的运营。地势低洼的国家最容易遭受连串故障带来的风险。

在荷兰和日本，城市遭遇大洪水的可能性促使政府出台了先进的水管理政策。这两个国家正在考虑出台更大幅度的适应性措施。在荷兰，最大的威胁来自如下事实：27%的国土面积低于海平面，这里居住着60%的总人口，并且是约70%的国民生产总值的来源地。[10]在荷兰已经察觉到的变化包括河水流量加大，这是由冬季降雨量增大造成的；土壤沉降；地下水含盐度增加；由高温引起的干旱期对水的需求也相应增加。日本首要关注的是高温会导致稻米产量下降，风暴潮将威胁到该国的130万沿海居民。

荷兰从结构和工程等方面御海于国门之外

荷兰人生活在世界上最大的三角洲之一，莱茵河、马斯河、瓦尔河和斯海尔德河等河流在此交汇后流入北海，他们已经完善了水利工程的技艺，足以应对洪灾和风暴潮的袭击。多条河流冲刷的区域是荷兰1660万人口的家园，在这里还有最肥沃的湿地和农耕地。荷兰人通过操作一个由堤坝、沙丘、水泵、沟渠和运河组成的综合系统，将原有的沼泽、泥滩和湖泊排干，把它们变成了高产的开拓地——围海（或湖等）造的、地势较低的农田。在绵延3500多公里的主要防御工事中，国家基本上控制了间歇性的洪水。[11]

几个世纪以来，必须创造方法保护荷兰不受海洋灾害的侵袭，荷兰人因此积累了必要技能。1953年2月一场猛烈的风暴掀起1.8m高的巨浪越过泽兰省的堤坝，导致1800人丧生，淹没了近2000km²的土地面积，并迫使大规模的人群疏散。当时蒙受的损失经过现在估算达到10亿欧元。[12]自从那些灾难性的洪灾发生之后的数十年，荷兰政府已经制定出独特的水管理政策——现在由水管理中心负责，该中心隶属基础设施和环境部。

　　荷兰政府对1953年大洪水的首要应对措施是三角洲工程（Delta Works），这是一项耗资数十亿美元的沿海防洪系列项目综合体，建设周期25年。海上封闭圈——每个都由堤坝、水闸和防潮挡闸组成——围住三个主要的河流入海口，以一系列同心"环形堤坝"护卫荷兰最西端，并减少长度为720km的内海岸线直接暴露的危险。

　　三角洲工程遵循的是一种规定的逻辑，通过赋予系统组件相应的风险概率，逐步达到可接受的保护级别。针对防潮抗洪，风险概率从万年一遇到四千年一遇；针对暴雨洪灾，概率则调至1250年一遇。三角洲工程除了防洪之外，还可以使鹿特丹和安特卫普港之间的新水道和西斯海尔德河水道保持开放畅通，从而为内陆航运提供便利。[13]沿这些水道的堤坝也被垫高加固——而且值得注意的是，为了改善主要港口城市之间的交通，有时还会与公路基础设施相结合。

　　出于环保和实践方面的顾虑——包括工程高昂的造价——荷兰制定沿海适应性策略时，放弃使用大型的人造系统。作为三角洲工程修建的最后几个闸坝之一，东斯海尔德挡潮闸是一项非常独特的惊人工程，也是防御外环的一部分，能有效保护东斯海尔德河不受海潮灾害侵袭。最初该项目设计为一道挡潮堤坝，但是当地的环保和渔业社团反对地区咸水生态系统可能造成的改变，结果做出的让步取得了巨大的成功：挡潮闸带有巨大的挡潮闸门，通常保持开敞；但在极端天气时该结构可以提高6～12m，这就可以防水（在1986～2011年闸门已经完全关闭了24次）。[14]

　　这项耗资25亿欧元的项目于1986年10月完工，由两个沙坝之间的三段组成，跨越8.85km的水道。挡潮闸的开口将近3.2km长，有63道钢制闸门，使得海水可以流进流出，保持河口的生态环境。因为荷兰一贯保持土地的多功能用途，因而在挡潮闸这个基建项目上面修了一条公路，将两个原本偏远的岛屿连接起来。[15]

　　在东斯海尔德挡潮闸后面，潮水涨涨落落，滋养着河口独特的自然栖居地——鱼类的繁殖地，鸟类的迁徙地点，以及该地区最著名的经济产业地：青口、扇贝和牡蛎的养殖地。在河口一侧的挡潮闸，在施工的时候沉放堆石体增强稳定性，减少侵蚀并有助于挡潮闸抵御海涌潮。使用不同类型的石块吸引了多种海藻、海绵、海葵、海星——对于本地许多野生物种来说是丰富的食物来源。[16]

　　挡潮闸创造出引人入胜的景观同样也吸引了许多游客；作为闸坝基础而修建的人工岛屿现在增加了教育和娱乐方面的新功能。现在被称为尼尔杰水世界（Neeltje

Jans），这个岛屿的特色是休闲区，里面有公园举办关于当地历史和生态的展览，一系列展示当地物种的开放水族馆，以及一个亲水公园，里面展出以前在东斯海尔德河中使用的渔船。

日本的超级堤坝提升土地质量

日本的河流流经的城市海拔很低，城市化大大减少了可透水的地面，多功能防洪基础设施获得了相当大的吸引力。例如，在一种允许政府分担建设成本的方法中，公园和体育馆被设计成间歇使用的保水盆地。自从20世纪90年代早期，日本已经在建设"超级堤坝"，这是一种坡面堤坝，具有抗震基础，宽度几乎是其高度的30倍。目前，在江户、多摩、矢本、淀川以及其他地方建设的这些堤坝能够在抗洪同时改善河流生态环境。在正常条件下，堤坝的内坡面可用作其他用途：一些如道路、公园和河边便利设施等的公共基建。[17]

从抵抗转向适应

利用高度强化的堤坝和闸坝结构加固海岸线，代表了针对海平面上升的一套解决方案。由于成本、可行性，或担心这些闸坝只是将涌潮引向另一个没有保护措施的地方，可能无法证明这是对沿海地区的正确解决方案。另一个不同的解决方案是，把海岸线看作是一个不断变化的景观，允许周期性的洪水或依赖于"软路径的"缓冲区，由湿地、礁石和其他在生态方面适宜的材料组成，从生态学角度考虑既安全，又能发挥保护作用。

农村地区双重功效的洪泛区：荷兰"给河流让空间"

1995年冬，法国北部和德国南部几次降雨使得下游居民大规模撤离，因为荷兰的受纳水体（莱茵河、马斯河）漫过堤岸，导致大量牲畜死亡。荷兰政府认为在未来的重重威胁面前，政府开挖运河和设置水闸等技术控制是不适宜的。自那时起，考虑到河流流量增加，制定适应性策略旨在通过软路径方法增强适应力，已经成为荷兰国家水管理的核心战略，也包括法国、德国和瑞士等上游国家的参与。

根据荷兰皇家气象研究所的数据，到2050年气温的上升将会使冬天更暖和，夏天更炎热干燥，冬季的降水可能增加14%。这样的变化可能令内陆河流冬季流量增加40%，而夏季流量则减少30%。[18]人们关注的另外一点则是炎热干燥的夏天将会降低圩田的水位，泥炭堤坝缩小直至坍塌，导致地下水和淡水水湾盐渍化，这将危及饮用水和灌溉用水。[19]研究所的意见是"与水共生"——即周期性为河流让出空间，而非尝试拦截围堵。这样也可以安全储存冬季的河水，供夏季使用。如果没有足够的空间，地面沉降和海平面上升将使河流的排水困难，而大量的水流涌入将会导致河流保护系统的破坏和生命财产的损失。换句话说，简单的拦水并不能保证安全。

"给河流让空间"的项目目标，是确保新建建筑或变更土地用途的设计在实践上要兼容蓄水，尤其在邻近主要河流瓶颈地区。该项目在2000年8月首次提出并在当年12月由荷兰交通、公共工程与水管理部以报告形式出版，结合了适应性水管理新策略，旨在触及从国家到地方各个层面，并包含市民团体。[20]在该计划的基础上，水管理和空间规划归属于行政管理，这一安排将影响城市和农村的再开发、分区规划和新建基础设施等诸多方面。

到2015年，30多个河边场地将通过多种措施发生很大的改变，包括允许河流安全泄洪，从而暂时占据共享空间。项目中计划实施如下措施：创造储水区，或者挖掘现有的洪泛平原或者扩大面积（将堤坝向内陆后移）；清除阻碍水流的障碍，例如河畔小路；建造新的、高水位的排水渠道，通过备用路线排放河水；最重要的是，建立大规模的蓄水区（即退耕还水的措施）。能够从偶发的大洪灾中恢复过来的农耕或其他用途的用地项目将安排在这类储水区中。"给河流让空间"强调基于生态系统的水管理，它设计目的是通过重建自然过程来增强适应性。

沿马斯河的欧维迪普作为一块占地550hm^{2}受堤坝保护的开拓地，以花费1亿1100万欧元的代价退耕还海，这个行动将保护有14万人口的登博斯免受洪灾。[21]项目预计在2015年完工，也将能够把欧维迪普和这块开拓地上游地区的原本较高的水位降低27cm。[22]因为该设计假定河水每25年将淹没开拓地一次，现在这处洪泛区的多用途——16个牛奶厂和农场、一个大型养猪场、一个码头和一个军事演习场地——被允许保留。然而，房屋和其他建筑被转移到向后移的堤坝附近的大沙丘上。

奈梅亨市正在进行的一项雄心勃勃的计划中，一个350m的内陆堤坝正重新安置，一个新的200m宽，3000m长的水道在建设中，以便在高水位的情况下分流一部分瓦尔河。这个新水道在市中心分叉形成了一个岛屿公园。根据当地各个参与方制定的计划，新设计的特色将包括一个浮动餐厅，河道上一个新的码头，以及一个自然保护区。[23]

双重功效的城市基础设施

荷兰上述水管理的创新方法，在城市化程度很高的地区也有类似的做法，也鼓励人们"给河流让空间"。然而，低海拔的基础设施和现有高密度的开发使得城市干预手段更加复杂。已经采取的适应性手段和措施包括：填埋区重新挖掘；开凿新运河；去除一些铺设的路面；鼓励建设民居绿植屋面的补贴；将雨洪排放系统与污水排放管道分离；并补充新的储水设施和地下水库。[24]为了优化每平方米土地的使用，新的城市基础设施无论在哪，都被赋予了两个或更多的角色。

如下两个范例展示了适应性的多功能方法如何调控洪水。[25]第一个于2011年竣工，是一个有加固墙壁的地下多层车库，可以作为储水设施；这个地下车库是荷兰同类设施中规模最大的，此外，车库上方即是鹿特丹新建的博物馆公园。车库设计可停放1150辆汽车，储水容量可达1万m^3（等于四个奥运标准的游泳池容量）。第二个范例也在鹿特丹，但是尚未建成，这是一个综合的广场和运动场地，设计的位置略低于地面，允许它在大雨后成为储水容器。这个浅洼地存水量在1000m^3以下，这将有助于减少街道泛洪，缓解排水系统的压力。

这个项目被称为布卢姆霍夫水广场（Water Square Bloemhof），将会在90%的时间内处于干燥模式。最初的或雨量较小的降水将作为第一次冲水排放到下水道（第一次降雨可以清除积攒的尘土）。然而，在倾盆大雨的情况下，控制机制将会关闭排水管道，水会被分流到广场，通过一个净化过滤器进行过滤。广场在蓄水后变成一个儿童水上公园，有各种亲水项目而变得生机勃勃，包括小的喷水池、池塘和小溪。

一旦这些试点项目通过评估，该市希望在其他地方建造类似的适应性项目，除了蓄水，还可以作为游乐场、公共广场、滑板公园或球场。作为一个地势低洼的港口城市，荷兰鹿特丹市面临着特殊的脆弱性——正如这些行动所表明的，面对气候变化，它正在不断地努力争取提高适应性。[26]

新奥尔良综合水管理系统

虽然美国新奥尔良市饱经自然和人工的变迁兴衰，但这个城市一定能够挺过种种考验。城区主要部分都在海平面以下，在一个正在下沉的主要河流三角洲地区。大部分湖滨区都是建在回填沼泽地上。这座城市一直是破坏力巨大的飓风中心。不断上升的海平面（每年3～10mm）以及湿地面积大量减少，加重了海岸线下沉的影响：2005年，卡特里娜飓风造成了约300km²的损失，而目前的预测是到2050年，总损失将达到约3885km²。[27]

在改善传统堤坝和其他沿海防洪工程的同时，奥尔良城区现在是2013年"新奥尔良水计划"实施的主体（GNOWP），由联邦拨款25亿美元资助展开，旨在控制由频繁的暴雨和大量降水造成城市破坏性内涝。它也为"与水共生"提供了一个转变的视角。该计划提出的战略是根据2008年本地建筑师大卫·瓦格纳（David Waggonner）发起的一系列会议和密集的多个利益相关方参与的研讨会逐渐收集而成的，该活动由美国规划协会（American Planning Association）和荷兰皇家大使馆共同赞助，被称为"对话荷兰"。[28]

新模式的提出部分原因，是为了改进新奥尔良历史悠久的排水系统——通过排水管道用水泵将雨水径流抽送到运河，这个系统不但耗费大量能源且耗资巨大（每年5000万美元）。[29]对城市更不利的是，这些现存的混凝土排水管道穿过城市电网，在社区之间造成了连续不断的障碍，且有碍观瞻。相反，"新奥尔良水计划"主张增加降雨所在地对雨洪的耐受力。计划提议要巧妙地存储雨水，并在城市肌理中富有成效地加以应用。这种综合水管理战略有三个部分：（1）通过临近路基的低洼地和雨水花园以及透水路面暂时存水；（2）作为排水系统的一部分，在现有的和新建的地表水体中进一步储存水，同时设想在整个城市范围内，将其规划成为不同规模的娱乐和景观设施；（3）通过重新配置排水系统并加以改善，优化排水能力。[30]

由此产生的水城承继荷兰的传统，把街道景观和园林景观（自然化的水道，绿色的林荫大道）紧紧地结合在一起，成为水管理系统。如图所示，现有的混凝土管道排水渠（图6-1A）将被重新打造成连续的多用途绿地，可供娱乐休闲和亲水嬉戏，同时还能管理高峰值排水流量（图6-1B）。

该计划的部分内容正在进行试点研究，有可能通过联邦政府的减灾拨款、基金会拨款以及类似于费城征收的排水费用来联合资助的。[31]"新奥尔良水计划"（GNOWP）代表了一种对城市流域独特创新的整体系统方法。

图6-1A和图6-1B 奥尔良教区：（A）原有运河排水口，（B）拟建的新运河，路易斯安那州新奥尔良（图片感谢瓦格纳和保尔建筑师事务所）

印度可瓦兰人造礁石——海滩侵蚀的三合一自然解决方案

印度南喀拉拉海滩的可瓦兰社区由于精致的新月形海滩而闻名于世，在海边建造了一片人造礁石，成功地模拟了自然的方法来稳定和修补海滩。这里历史上一直是一个渔村，也是欧洲度假者的主要目的地；这个海边伊甸园已经遭受了严重的侵蚀，尤其是在有着猛烈风暴和气旋的季风季节期间。自从20世纪50年代以来，曾经由该地区河流带来的起稳固作用的淤泥和黏土沉积物已经被截留在水坝后面。结果是，尽管海平面的上升幅度相对较小，但松散的沙滩已经被侵蚀了。[32]印度大约有一半海岸线由昂贵的海堤或防波堤护卫；然而，在可瓦兰，沿着繁忙的海滩筑成混凝土的海堤，只会令海滩加剧冲刷遭到更大破坏。根据项目顾问统计的数据，大约 1380km 的印度海岸线——占印度总海岸线长度的 23%——也面临着类似的威胁：每年大约有 450hm² 的海滩正在被侵蚀。

可瓦兰基础设施解决方案是由喀拉拉邦政府的旅游局和港口工程局共同负责，基于对自然过程的不断发展的理解——是一个"人造软路径"近海结构——分四个部分建设完成。巨大的胶囊由防紫外线和耐磨的土工织物制成，这种织物是在土木工程中使用的强合成纤维材料。每个胶囊的大小和形状都相当于两辆巴士，然后注入大约 4000m³ 的本地挖出的泥沙。接下来把这 28 个超大沙容器头尾相连，不对称地朝向海湾一端放置，有助于重新调整涌进来的海浪，使海浪与海滩平行，纠正之前不平行的问题，这种不平行问题总使沙子沿海岸流失。[33]

通过将水流转向北方，消除了一直把沙子往南冲的水流，这些大胶囊使得新的沙子在人造礁石后面堆积，明显地扩大了海滩面积。在礁石上自然产生的海藻积累，支持各种鱼类的集体栖息，也在其他方面加强了生物多样性。从旅游观光的角度来看，主要的吸引力在于创造了一个新的冲浪地点：到达礁石的碎浪变成了规整的波浪，让这些弄潮儿沿着人造礁石从头到尾的体验精彩与刺激。[34]

设计顺应自然模式，在波浪到达海滩之前消散波能量，多功能礁石（MPRs）通过折射海浪冲击海岸的角度从而改变近岸水流，把沙子运输到暗礁后面波浪遮蔽的区域，从而扩大和稳定海滩面积。[35]人造礁的大小、位置、方向、深度和其他特征都是通过模拟波浪折射和泥沙流移的计算机模型来开发的。海滩管理者如果考虑将沿海防御工事移到近海和水下的话，多功能礁石是个不错的选择，而世界多地已经复制了可瓦兰的成功经验。[36]

有关人造礁石能够改善居住地的知识最早可追溯至公元前 500 年，当时埃及渔民发现沉船是理想的养殖场，吸引了大量的鱼来此聚居。[37]除了支持本地的渔业，今天的人造礁石还满足潜水和浮潜爱好者的娱乐需求。例如在澳大利亚昆士兰的黄金海岸礁，此处是一个主要的浮潜地点，也是人造礁石，拥有 270 种海洋生物。[38]日本为海胆养殖业也建造了人工礁石。[39]

由于缺乏独立的研究，只有少数的成功案例，很少有人知道人造礁石的长期影响，它仍然处于相对较早的发展阶段。一些人造礁石已经引起了批评，有一项研究记录了一些不利影响，包括随着时间的推移，翻新的海滩品质逐渐下降。[40]另一个问题是人造礁石是否真可以增加鱼群数量，还是只把鱼类从其他海洋地点吸引过来

（这样导致过度捕捞）。答案并非是确定性的；尽管如此，人造礁石确实有可能成为多管齐下解决方案的一部分。当然，将人造礁石放置在碎浪区提升了冲浪体验，带来积极回报：根据一项研究成果，由于旅游业的增长、保护海滩不受侵蚀、房产升值以及社区的新收入，黄金海岸礁石投资回报率为60：1。[41]

可瓦兰当地从事捕鱼业的渔民还有一些市民团体对于人造礁石仍持怀疑态度，并且特别担心喀拉拉邦政府使用联邦海啸重建基金来建造人造礁石以刺激旅游业发展，从而耗尽援助更困难社区所需的资金。[42]尽管对结果更广泛的监测和研究正依次开展，在综合管理方法的背景下使用多功能海岸保护措施，而不用诉诸"加固堤坝"，可能会持续带来诸多好处：不仅提升沿海地区对气候变化的适应力，而且重建沙滩、强化海洋生态，使海浪更适于冲浪，所有的回报都强调了与自然模式和过程保持一致的有效性。

迈向低碳海岸基础设施建设：减排和适应

减排和适应是当今应对气候不稳定的两个主要方法，但是二者的关系随时间推移也发生了变化。在2007年之前，政府间气候变化专门委员会（IPCC）主要关注降低碳强度（减排）；然而，自那以后，该组织已经开始讨论针对气候影响的已经开展的保护措施（适应）。本书提出新一代基础设施应该尽可能以减排和适应两个方法为目标。本章结尾处的案例中所寻求的即是达成战略中减排和适应两方面的最佳平衡点。

韩国始华湖潮汐发电站力挽狂澜转变局势

1994年公共事业部门韩国水资源公司（Kowaco）在黄海西海岸全罗湾建造一座水坝。这条长12.7km的水坝首先是为了抗洪，其次是随时间推移，将一个潮汐河口变成淡水水库——即始华湖，一个56km²的淡水湖；韩国水资源公司用以提供灌溉和工业用水。根据经济合作与发展组织（Organization for Economic Co-operation and Development）2012年发布的一份报告称，在经合组织34个成员国中，韩国的水资源短缺问题最严重。两个主要原因包括气候变化导致的降水量减少，以及农业和其他非点源污染导致的地下水污染。[43]作为同一个项目（距离首都首尔并不远）的一部分，韩国水资源公司还重新开发了173km²的土地用于农业和工业发展。

　　然而到了2000年的时候，韩国水资源公司为了应对环保主义者尖锐的批评，不得不放弃原来把这个湖作为农业用水来源的计划。一旦始华湖湖水与清污潮水隔断，附近工厂的工业废料和越来越多的污水排放（由于人口迅速涌入）导致水质迅速恶化。2004年，为了恢复水质和生态完整性，韩国水资源公司放弃了淡水水库计划，重新引入海水，以消除污染。

　　这种环境复原的行为，首先是政府对一项出错的水采购项目做出的反应。然而，韩国水资源公司却能够合宜地将不利处境转化为一个机会，创造一个令人印象深刻的、无污染的可再生能源项目。在2011年8月制定的计划中，堤坝被改造为始华湖潮汐电站，这是世界上最大的潮汐能电站。始华湖不仅是水力发电的巨大来源，而且水坝的作用相当于一个高效的水过滤系统，每天两次从涡轮机中倾泻出的海水帮助湖水流通换新，从而有助于恢复海洋生物和以渔业为基础的生活方式。[44] 用韩语来表述这个项目的成就则是"一颗豆粒打中两只鸽子"——事实上是3只，因为水坝成为路基，上面新修了横跨全罗湾的四车道高速路，极大缩短了旅游目的地大阜岛与主要的仁川港之间的距离。

　　韩国用水量的增长与不断增长的能源需求平行。在本国几乎没有石油、天然气或煤炭储量的情况下，韩国是伊朗石油的第四大进口国；它也是世界第12大温室气体排放国。[45]在20世纪70年代，韩国政府为了更好地保障能源安全，政府鼓励建设核电站；到2006年，国有电力公司运营着20座核反应堆，总发电量为16840MW。[46] 但是韩国在2002年通过《京都议定书》后改弦更张（随后韩国政府采取了全国范围的可再生能源配额制，到2020年达到可再生能源占8%的目标）。由于需要向前迈进一大步，韩国将目光投向了黄海——潮差平均为5.5m，而春季7.9m的潮差——是世界上最强大的潮汐能。始华湖电站是由韩国水资源公司、韩国中部电力公司以及新月能源公司共同开发的，是适应性重新开发的一个范例：除了重建原有基础设施之外，它还有助于减轻最初计划不周的干预所造成的损害。

　　潮汐发电站是将涨潮和退潮断断续续的动能转化为电能，方法是使外部涨潮的海水经过涡轮机驱动嵌入水坝的发电机发电。因为水的密度比空气大840倍，水下涡轮机的叶片大小等于风力涡轮机的叶片，但是发电量却要高得多。始华湖是一个单效潮汐发电系统，即电站只利用涨潮的海水充满湖底，从而防止涨潮流。在潮水涌入时，10台25.4MW的水下涡轮机开始发电。退潮时系统处于"冲洗模式，"位于涡轮机一侧的分隔冲洗闸门开启，海水通过闸门倾泻出去。海水的循环（每年大约

600亿吨）冲洗了始华湖，改善了渔业的环境。发电站每年发电552MW，足够满足附近安山市50万人，或者20万户家庭的电力需求。[47]发电厂将能够减少86.2万桶原油进口（价值4300万美元），减少31.5万吨二氧化碳的排放。[48]

韩国水资源公司建设时汲取了之前环保方面的教训，打造了芦苇湿地公园，这是坐落在始华湖区内的一个人造湿地，多年生的沼泽植物继续净化被污染的水。和许多此类共享场地的多功能案例一样，公园还是一个生态旅游项目：有教育亭，野花和赏鸟小径为游客和野生动植物提供了休憩地和保护区。

韩国电力公司（Korea Electric Power Corporation）是国有控股的公司，该公司已经开展了多项研究，以调查黄海沿岸潮汐能的进一步开发利用，因为黄海沿海岸线分布着许多大小海湾和异常强烈的潮汐流。结果显示有10个可能的选址地点，产能一共可达到6.5千兆瓦（GW）。[49]尽管这种技术能发挥多种功能，很有吸引力，兼顾抗洪和可靠的可再生能源——但诸多顾虑仍旧阻碍了大规模的在别处复制。首先，与传统的立足于土地的热电厂和其他可再生能源发电厂相比，水力电站的建设初期投资更高。其次，因为生产力在一天内自然波动，潮汐能不能作为主要的发电技术使用；必须与电网相连。最后，许多潮汐能发电站的最佳选址与脆弱的河口生态系统重合，这些河口往往为渔业、水鸟和迁徙的海洋动物提供最佳栖息地；因此，若在此设厂可能会极大地打破当地生态平衡。

英国塞汶河潮汐能拦河大坝之争

本章最后一个案例，现在仍在考虑研究之中，提出了关于气候变化缓解、可再生能源和长期环境保护之间的权衡取舍的重大问题。法国的朗斯潮汐电站（Rance Tidal Power Station）——世界首个潮汐发电站，于1966年竣工投入使用；在韩国始华湖电站建成后，这个电站退居第二，并且已经收回了高昂的开发成本，正以0.18欧元一度电的价格输送电力，而相比之下核电站发电的电价定在每度0.25欧元。[50]尽管初步取得了一定的成绩，以及随后中国杭州南部的江夏潮汐发电站（Jiangxia Tidal Power Station）和位于加拿大新斯科舍省的安纳波利斯皇家发电站（the Annapolis Royal Generation Station ）也都有不俗的表现，但是在塞汶河河口建一座16km的拦河大坝，将英格兰和威尔士分开，这一计划引起关于大坝建设对环境影响的争论。自20世纪80年代以来，塞汶河13.7m的潮差已经先后吸引了好几项拦河坝建设提议，但无一例外都因为可能带来经济和环境方面的损害而被驳回。根据目前的提议，该计划将圈起一个面积为199km²的广阔潮间带，即迁徙水禽的栖息地。

在撰写本书时，英国政府正在评估一个由考兰哈芬有限责任公司（Corlan Hafren Limited）提议的私人投资多功能潮汐坝（类似水坝的结构用于捕获潮汐能发电），这间私有公司专注于独立投资的潮汐发电业务；项目若建成，每年可提供16.5太瓦小时（terawatt-hours）的低碳能源，相当于三到四个核电站或超过3000个风力发电机组。考兰哈芬公司坚持认为拦河坝可以满足英国现在5%的电力需求，而且每年减少碳排放量达1百万吨；[51]根据2008年《气候变化法案》通过的一项碳预算，即到2050年将温室气体排放量减少80%，这也帮助推进英国履行这项具有法律约束力的承诺。这项250亿~300亿英镑的提议中包括1026个双向、低水头涡轮机，能够利用涨潮和落潮发电。[52]根据这项提议，涡轮机将模仿河口的自然模式，保护当地的鱼类和无脊椎动物的生态环境，同时尽量减少对河流两岸和河支流的影响。

按照预想，塞汶河拦河坝附加功能将包括保护城市和农业耕地——大约有9万户地产——不受洪灾侵袭，否则洪灾将给国家带来数十亿英镑的损失。考兰哈芬公司建议，在限制河口目前汹涌的水流后将加强生物多样性，使河口能够容纳更大的水上休闲项目和商业活动。项目设计还包括修建急需的第三条横跨塞汶河的高速路，以及连接威尔士和英格兰西南部之间的铁路。环境缓解计划要求在河口外至少重新圈出50km²的补偿性潮间湿地。

批评人士指出了泥滩的消失——目前的泥滩生活着约73000只涉禽和野禽等水鸟种群；对于鱼类影响的不确定性；筑坝河口可能堆积淤泥；在水闸处过度船运的风险；也许最令人担忧的是，在南威尔士、德文郡和爱尔兰，移位的海水将会引发洪灾。上述所有疑问都需要更深入的研究。关于这个项目的生态可接受性和财务可行性等方面，英格兰和威尔士的国会议员之间的争辩仍在继续。

尽管存在这些合理的担忧，但对潮汐能的兴趣仍在持续增长。据估计，世界现在的电力需求可能仅用全球可用潮汐能和海浪能的0.2%就可以满足。[53]技术的进步包括更小规模的潮汐坝——也许能克服一些环境和经济上的障碍。但是大规模的、适应气候的低碳项目将不可避免地引发棘手的问题，即使凭借一些最先进的建模工具，这些问题也不容易找到答案。环境影响是否会上升到严重的危害程度？如果是这样的话，有无可能接受一些减缓或适应性措施？特别是，对海洋和鸟类环境潜在的影响如何与可获红利一较高下？这可能是由碳减排引起的，包括减少灾难性的石油泄漏、森林砍伐和海洋酸化等风险。避免危险陷阱并把分析面扩大，涵盖空间和时间的大尺度，这对于整个系统的方法是至关重要的；然而，它们确实使成本—收益方程变得更加复杂化。

结论

气候变化对沿海和河流城市基建造成的影响已经可见，而且由于预期极端天气事件的增加，影响将变得更加显著。必要的应对措施依赖于对现有基建进行及时的、气候敏感型设计修改，以及更新新建基础设施的规范和标准。尽管气候变化的预报有所改进，并有助于政策制定，但"不后悔测试"提供了一个珍贵的工具来识别那些能提供纯粹经济、环境和社会效益的适应性措施，即便气候变化的情况没有得到证实。这样的方法必定会导向对多功能基础设施的投资——例如东斯海尔德挡潮闸，日本河流沿岸的超级堤坝，美国新奥尔良的拉菲特绿廊/圣约翰河口，鹿特丹，韩国始华湖等。投资兴建多收益、多服务的系统将有助于确保在面对不确定性时的长期实用性。

让我们暂且设想一个可能很引人注目的情景：为了保护纽约港免受未来的灾难性风暴的影响，我们决定建造一系列的挡潮堤。尽管许多人会认为这一决定草率且不恰当——基于成本、可行性以及对社会正义和环境的负面影响，还有其他原因——不后悔测试将强制包括许多适应性的、缓和的和有益的措施，包括铁路、公路和在堵口处整合隧道交叉路口；搭建新的桥梁供行人和自行车进入堰洲岛；市政隧道的场地共享；最后建造潮汐涡轮发电机。

优化应对气候变化的行动呼吁我们采取几项行动，第一，我们必须认识到，气候变化的威胁跨越了市政工程的藩篱和管辖权的界限；因此，需要在整个系统层面上考虑适应性措施。正确的预判趋势（严重事件、长期天气模式、人口压力以及竞争式利用）有助于努力为多功能结构和协同效应提供新的机会。第二，我们必须更好地利用自然资本的适应能力——包括盐沼、红树林和其他湿地或海岸缓冲带植被，以及珊瑚礁等生态系统——同时认识到这些特征也增加了风景和娱乐价值。然后我们需要更好地整合土地使用和基础设施规划。对于规划部门和区划监管部门而言，这不仅意味着限制可能遭受洪灾地区（沿海或内陆）的土地开发，更重要的是，通过建立适用不同条件的兼容用途，来优化防洪和提升土地价值。这种案例包括城市景观或耕地可用于临时雨洪蓄存处；改用于雨洪存储的交通隧道；作为防汛抗洪的铁路、公路堤防；以及作为交通工具和公共设施连接的堤坝。最后，只要可能，我们就需要把减排措施和适应措施结合起来。例如，分散式发电，通过微水能（自然流淌的河流产生的小规模氢化作用）或潮汐能，既能使电网更稳健，也能发挥抗洪作用。总而言之，我们必须理解我们能够适应的事物，接受和承认那些我们不能适应的，并增长见识去了解它们的不同之处。

第7章

缺水压力和水资源短缺的应对之道：
增扩水源，改进存储

气候不稳定对灌溉和饮用水资源造成的影响与海平面上升和风暴潮相比，表现得并不十分剧烈，但是却一样的具有灾难性。根据专家的看法，已经有十亿人口依赖地下水资源，"而这些水源根本就不存在可再生的水源供应。"[1]现在全球变暖部分原因是：人为增加的二氧化碳排放量正在改变降水模式；增加表层水温，污染以及大气水蒸气含量；而且减少冰层和积雪，降低地下水补给率和土壤湿度。上升的海平面也可以导致海水侵入沿海地下水含水层。在集水区范围内，全世界陆地和水生农业生态系统将越来越容易受到降水和储存周期变化的影响。[2]这些变化据预测还将持续下去，已经在消耗水资源，并增加灌溉需求。[3]

上一章描述了一系列多功能的解决方案也对社区有益处；这些解决方案已经用来应对沿海和沿河地区的威胁。在气候变化和人口增长的大环境面前，继续满足农业、发电、工业和生活等各方面的需求，淡水采购和管理实践必须进行类似的适应性调整。

自20世纪70年代以来，非洲四个国家——尼日尔、乍得、尼日利亚和喀麦隆的主要水源——乍得湖的水量减少了95%。在中国，过度灌溉再加上降水减少，导致黄河流域自1972年以来已经断流了30多次。中国北方大部分地区包括首都北京一直以来饱受缺水困扰，最终要求在2008年开始建设一个耗资20亿美元的南水北调工程，从人口较少的南部地区向北部输送水。[4]各个国家在直接经历气候压力之外，也在积极应对跨部门间的各种漏洞；例如2001年严重的干旱以及高度依赖水力发电系统（干旱期间不可用）令巴西圣保罗的电力生产吃紧，甚至巴西的工业用电都按配额进行分配。[5]

在美国，淡水供应一直以来被人们视为理所当然，而现今也难免遭遇水位下降、水库枯竭、河流断流以及放牧和农业用地的沙漠化等问题的困扰。在西部大多数江河流域，历史上一直是最大水源的积雪已经大幅度减少。从1945年至20世纪90年代晚期，落基山脉积雪量大约减少了16%，内陆地区22%，卡斯卡德山29%。[6]在西南部地区，水则是有限资源（分配用量超过了实际可用的水量），早先的积雪融解以及旱情持续严重都减少了土壤水分，降低作物生产力并更容易导致山火爆发。[7]

在洛杉矶盆地，太平洋的海水正在进入蓄水层，取代了该地区近1000万居民的地下水资源。在蒙特利县，据估计损失了有3亿7千万立方米的淡水储备：三分之二归结于海水入侵，余下三分之一是地下蓄水层取水造成的，根本无力支撑如此庞大需求。[8]在佛罗里达走廊，海平面上升再加上地下水的过度开采，威胁到淡水供应和污水处理。内陆水质也容易受到大风暴和长期气象变化的影响；暴雨过后，悬浮泥沙的流入将纽约北部的水库在数日内都变成了棕色。[9]

鉴于水资源日益紧张和短缺，发达国家和发展中国家都在评估供水战略和技术。[10]现有的供水基础设施是在特定历史条件下建设的，现在必须加以改良或更换，这才能更适应不断减少的淡水供应。但是这样的努力也带来一些复杂的挑战。第一，调整不仅花费巨大，而且可能造成严重的社会和政治冲突。[11]第二，一些适应性措施不可避免将与同时进行的缓解气候变化的努力相竞争，因此需要进行权衡。最后，关于水能源关系的跨部门合作（无前例可供借鉴）将是至关重要的。

维持一个强劲的水文循环所需策略主要分为三个方面：恢复水源；寻找替代水源；并创建用于取水、用水和水循环的综合系统。本章的第一大部分考虑了恢复和多样化，第二部分考虑了综合系统。

在世界某些地区，由于现代开采、抽水和管道输送系统导致了过度取水，已经破坏了以前可持续的供水系统。然而，在印度进行的项目已经证明，恢复到非工业时代技术的目的是为了保持更好的水平衡。前瞻性的适应策略也可以通过相对简单的收集和储存方法来增扩水源。在世界上最干旱的一些地区，寻找水源的新方法包括先进的海水淡化技术，它给我们带来了希望的同时也必须减少碳排放，这样才能实现真正的可持续发展。

源自土地：复兴印度的储水池系统

印度尽管拥有丰富的河流资源，但是水资源的分布却存在严重的地区不均衡问题。依赖季风季节（主要从6月到9月）降雨占全国年降雨量的近四分之三[12]更加剧了地区水资源的不均衡——因而主要依赖雨水收集和储存。[13]

印度的供水基础设施揭示出这个国家古老的生命线。从历史上看，生活用水和作物灌溉的雨水是在湖泊或水箱（在斜坡上建造的人造蓄水池）中收集而来的。这些蓄水池由各个村庄修建，已经有超过2000年历史，它们的规模均为10hm^2，它们依靠的是下坡的拦沙坝——在一个集水区修建的临时或永久性的小型水坝，以限制高地的水流。蓄水池作为构建的自然系统，提供了重要的生态系统服务，包括养分循环、地下水补给、支持栖息地的生物多样性，以及减少暴雨造成的洪水泛滥。[14]从历史上来看，维护蓄水池的责任落在了社区上，而社区下层种姓的成员则被要求清除蓄水池的野草和淤泥。[15]

戈达瓦里河流域几乎流经整个印度中部地区，以蓄水池为基础的灌溉系统在历史上一直在农业中发挥中心作用。[16]在半干旱的曼纳子流域中，所有的24个微型流域都依赖于蓄水池系统，种植玉米、大米和棉花等水密集型作物。然而，在20世纪80年代末期当《土地改革法》规定各邦政府负责管理蓄水池，并终止地方决策时，对蓄水池的维修保养也戛然而止。随后政府恢复蓄水池功能的一系列努力不成系统，没有考虑到蓄水池系统的基本生态和水文学。[17]流入减少、周围集水区的森林被砍伐，导致淤泥侵蚀迅速累积，极大地降低了蓄水池的储存能力。[18]

与此同时，还有利用结构方法取水，包括地下水抽取、钻水井和水力发电大坝的建设。修建的运河和开放的灌溉渠也被用来分流水。戈达瓦里河流域的水短缺问题由于气候干扰进一步恶化。2009年，当时的预期是到2050年，该地区人口将会翻一番——用水需求也自然随之翻倍。[19]

2004～2006年间，世界野生动物协会（the World Wildlife Federation）与一个非政府组织——印度农村现代建筑师（MARI）合作，资助了一个试点项目，在曼纳子流域恢复使用蓄水池。作为该计划的第一部，12个蓄水池进行了清淤处理，以展示微观修复的经济可行性（与政府资助的宏观基础设施项目相反）。与此同时，社区参与策略被用来确定扩大这个试点项目所需的各种社会和政策性工具。[20]

12个蓄水池在挖出73000吨泥沙后，为11公顷区域内42000名居民提供服务的效能有所提升：灌溉能力增加900hm^2，[21]而且因为蓄水池可以在季风期存储更多的雨水径流，水泵也不需要了，自然顺带节约大量电力成本。蓄水池的修复也增加了在降雨较多的年份给地下水补给的机会，而这在长时间的干旱期中可以加以利用。因为蓄水池的水靠重力收集，增加的水流量带来的额外压力使其能够流到更远的距离，从而惠及更多的农民。[22]富含营养和碳的黏土淤泥，为600hm²的农田提供了足够的肥料。挖掘还减少了对无机肥料的需求，提高了土壤质量，增强了作物抵御病虫害的能力，从而减少农药使用。[23]根据当地农民的说法，增加的表层土壤使水分滞留时间从4天增加到7天，进一步使作物受益。[24]其他环保方面的好处主要包括：恢复蓄水池中鸟类和鱼类种群的密度和多样性——这是由于在湿地中形成了16个淤泥和土壤堆积的人工岛，从而省去了移除它们的成本。最后，通过集约化种植，这种低能耗的软路径解决方案增加了整个地区的固碳作用（光合作用）。[25]

本地农民支付了10万美元成本中的近四分之三，大部分是通过实际劳动的形式，但修复蓄水池为农业带来的直接和间接的益处很快收回了项目初期成本，甚至还能产生利润。[26]项目年经济收益在2008年时估计为585.05万印度卢比（98609美元）——这个数字还不包括因为可用饲料增多使牛奶产量增加，以及由于蓄水池水容量加大而随之增加的鱼产量。[27]最大的收益来自于受影响的50hm²土地产量增加，地里花生和玉米的产量达到了最大收成。[28]

蓄水池修复带来的另外一项好处是增加当地就业机会（包括男洗衣工的再就业），这就减少了当地农民工整体外迁到城市地区找工作。[29]负责蓄水池保养的村委员会也重新召集起来，挖淤泥也能挣一份工资。对于那些无地的穷人来说，赚到这份打工的钱还要加上扩大后的农场的收益和捕鱼量增加所带来的收入。通过相互关联要素构成的一个复杂系统，重建蓄水池改善了气候适应能力，振兴了农业，恢复了社会结构，而且增加了当地就业机会。

印度全国共有20.8万个蓄水池，许多都处于类似的衰败状态；如果修复重新利用起来则是一种低成本、技术含量低而且对本地意义重大的方法，可以提供可持续的水源。[30]改善印度传统的供水系统不仅可以减少修建大型基建项目的必要性，增加对气候变化的适用性；而且可以推动本地社区朝向获得村庄自决权的方向发展——圣雄甘地认为这是建设民主印度的有力工具。[31]预测显示，仅曼纳子流域一地，若是将剩余的蓄水池清淤大约4.6m，能够为这个极度炎热的地区存储多达29.4亿m³的水，这对于实现供水自给自足有很大的帮助。[32]这一举措与目前正在考虑建设的大规模水利基础设施建设作为干预手段形成了鲜明的对比，包括耗资40亿美元在戈达瓦里河下游修建坡拉瓦拉姆大坝——它将迫使25万人口搬迁，淹没6万hm²的森林。[33]

源自天空：韩国首尔的城市雨水收集选项和政策

气候不稳定给传统的取水模式和方法的可靠性造成了一定影响，在水源已然短缺的地区，这种脆弱性将会加剧。包括韩国在内的季风性气候地区受世界上最难以预测的降水模式的影响。因此韩国大多数的城市主要依靠从大坝水库抽取的集中供水，并且经常以高成本输送到很远的地方。降水分布不均（夏天多，春天少）对于首尔这个拥有1千万人口的大城市来说提出了诸多挑战。十分干燥的春季可能爆发山火引起损失，接下来是夏季的季风性降雨洪灾，造成人员伤亡和财产损失。[34]

首尔国立大学的雨水研究中心（the Seoul National University's Rainwater Research Center）开展了一个收集城市雨水的试点项目，并取得成功。自2007年该项目开始运营，已经对城市政策产生积极影响，而且可能会进一步影响其他城市。雨水收集试点项目位于首尔的明星城（Star City），是一个高密度开发项目，场地面积为6.25hm^2，有大量商业地产以及近5000居民，场地内雨水收集系统能收集年降雨量的67%，这种适应气候变化的策略是为了补充城市集中式供水的水源（图7-1）。这个多功能系统控制雨洪，减少能耗，提供消防用水，而且减少使用饮用水，因此达到节水的目的。

从四个主要的居民塔楼和露台（大约5万m^2）的屋顶收集的雨水被输送到三个1000m^{3}的储水池，储水池位于最大的塔楼地下三层。[35]第一个储水池的水位由一个遥控系统监控，水位通常保持较低或空置，方便容纳场地的雨水径流。在暴雨到来之前，储水池剩余的水经由排水系统清空；暴风雨过后，里面的水慢慢地排出。第二个储水池接收屋顶收集的雨水，然后通过自清洗、土壤和沙子的过滤系统进行过滤。经过过滤的水用来冲洗公共厕所，小区保洁，满足这个综合体多处花园的大量灌溉需求。第三个储水池存的水是第二个储水池的剩余水，用于消防和其他紧急用途。

社区安装了这样的节水设备，小区居民每年节省的水费达到8万美元，主要是因为场地用水减少，污水处理厂节约了能耗。开发商大约投入45万美元的前期额外成本，将在8年内收回，作为回报，首尔市政府允许在批准的建筑面积基础上增加3%。[36]2005年，基于明星城和其他本地雨洪收集系统取得的成功，首尔市政府颁布法令，规定在新的公共建筑中安装此类系统，并为私人安装系统提供补贴。[37]尽管这些规定没有严格执行，但在2008年重新审定了这些规定并升级。[38]

图7-1　明星城，韩国首尔（图片感谢杰德建筑规划事务所——建筑设计师）

雨水收集技术虽然简单，但是却改变了水管理整体范式，本来是线性流通的本质，始于一个偏远的水坝，流经泵站和水管线到下水管，这一切被改造成针对特定场地的分散式设计，把水存储起来供本地需求使用。除了解决用水短缺问题之外，雨水收集系统也提供了一系列的附带好处：防洪及控制随之而来的污染；通过使用收集的雨水来减少对饮用水的需求；为消防和其他紧急情况供应专用水；最后，提供由地方管理的场地水处理设施，这可比集中管理的管道水处理更便宜。[39]

源自海洋：海水淡化的前景

当今，全世界大约有3000家海水淡化厂，每天生产2700万吨淡水。[40]但是两项应用最广泛的技术——依赖于重复的蒸发和冷凝的多级闪蒸法，以及反渗透法，即压力驱动海水通过半渗透的纳米膜——都需要热能和机械能。[41]在全球范围内来看，现行的海水淡化方法大约需要使用84.5桶石油来生产1吨淡水。[42]

太阳能海水淡化厂通过捕捉能源并直接使用（太阳能光伏发电板发电供反渗透法使用），因此最大化利用可再生能源。另外，海水淡化厂也可以利用太阳的热能：太阳能蒸馏器是一种低技术含量的温室式构造，利用太阳的热能来模拟海水蒸发的方式：海水蒸发后在凉爽的高空云层中凝结，产生雨水。然而，基于这个模式的太阳能海水淡化厂存在几个缺陷，因此很难以商业规模推广：第一，这种海水淡化厂是空间密集型；第二，初期成本过高；第三，冷凝过程中未回收的热能损失降低了效率。大多数基于可再生能源的海水淡化厂运营时都依靠光伏电板发电驱动反渗透系统工作。风力发电机——尤其是近海地区或是在沿海地区风比较大的地方，可以很容易地与反渗透装置相结合，使海水淡化所用能源比较靠近产能区。[43]

商业化推广可再生能源海水淡化厂的一个有前途的技术是聚光太阳能发电（Concentrating Solar Power，CSP）。聚光太阳能发电利用反射镜或透镜将大面积的阳光汇聚到一个相对细小的集光区中。集中的太阳能在换化为热能后，驱动蒸汽涡轮机，从而产生电力。海水淡化厂的效率主要依靠将输入功率与海水淡化负荷相匹配，而仅靠风力或光伏发电所产生的波动电能无法有效地支持运营所需持续的电力。[44]能量匹配需要有存储的能量，而聚光太阳能发电通过使用熔盐电池与发电综合体相结合而得以存储能量。

可再生能源海水淡化厂技术日趋成熟，但是从全球范围来看，建厂投产率极低。迄今为止，成本是最大的障碍。另一个关切则是针对所有的海水淡化厂，海水淡化的主要副产品——高盐水排放可能造成的生态危害。由于脱水和浓缩盐水本身是一个高能耗的过程，所以首选的处理方法是将高浓度盐水排放到当地的水域中。如果在海水淡化过程中析出的盐没有作为日常用盐而回收的话，还可以将其转变成化学工业或采矿业使用的更高价值产品，这些工厂也可以在海水淡化厂附近建厂。这样的安排将能够防止高浓度盐水排入大海，但是需要将海盐升级为供化工或采矿业使用的技术，也要求极高成本投入。

阿尔卡夫及太阳能海水淡化厂——沙特阿拉伯东部省

2013年竣工的阿尔卡夫及太阳能海水淡化厂以替代能源为动力，为沙特阿拉伯最大的省份东部省提供了大力的水资源供应。每天，从阿拉伯湾抽取海水进行淡化处理后能产出将近30283m^3的淡水，满足了10万人的需求，帮助降低了目前该省的高取水量。作为减少对环境影响的承诺的反应，这个展示项目与一个10MW的太阳能电厂结合起来，使用了一种聚光太阳能发电新技术，该技术令太阳光在太阳能电池上聚光倍数达1500倍，从而提高效率。[45]工厂依靠的是反渗透技术和纳米级别的新渗透薄膜——由沙特阿卜杜勒—阿齐兹国王科技城和IBM纳米技术联合研究中心共同研发——提高了效率。而电网供电则在夜间（无法利用太阳能）也延长了工厂的运营时间。

尽管聚光太阳能发电新技术初期成本较高，工厂的开发者们却选择使用这个技术来展示技术带来的高效能。该国其他太阳能发电和海水淡化联产厂每天要消耗超过150万桶原油。据沙特阿卜杜勒—阿齐兹国王科技城宣布，阿尔卡夫及太阳能海水淡化厂作为同类项目中首个大规模太阳能淡化厂建成之后，还将计划建造一系列同类型厂。[46]

低碳水用于高价值作物：海水温室

据估计全球有17.5亿人生活在极度缺水的地区，[47]农业用水必须与生活和工业用水相竞争；因此能够获取充足的淡水来种植粮食作物就成为了迫在眉睫的挑战。[48]因为传统的海水淡化在经济和能源方面价格高昂，水资源紧张的地区一直依靠从水资源丰富的地区进口食物，把自己变得在经济上甚至政治上更没有独立性。[49]海水温室通过把食品生产和淡水生产并置，为干旱地区提供了一个有前途的农业解决方案。

海水温室公司（Seawater Greenhouse Ltd.）的创始人兼总经理查理·帕顿研发出来的海水温室最早于1994年在西班牙加那利群岛的特纳利夫岛首次建成使用。帕顿设计的低碳过程简单而精致，几乎完全依靠太阳能运营，高度概括了水文增湿/除湿周期；首先，海水首先被太阳蒸发，然后冷却形成云，然后以雾、雨或露水的形式返回地面。

海水渗透到多孔的前壁式蒸发器——一种海绵状的蜂窝式过滤器，空气通过这个过滤器被吸入温室；当空气通过这个过滤器时，湿度增加，温度下降。随着更多的空气涌入温室，经由太阳加热，吸收更多由植物排出的水蒸气。完全饱和的热空气接下来进入内有低温海水的金属管道中。在管道周围收集的凝析水（蒸馏水）被存储起来用于灌溉作物。温室里减少灌溉需求，因为温室里的湿度很高，而且间作法种植也会产生荫凉。[50]

该过程中还加入许多其他优势。初始过滤器能滤掉害虫，而进一步应用高盐水作用于植物叶子和果实，则发挥着一种生物杀虫剂的效用，不再需要农药。由处理过的海水分离出的营养物质用作化肥，而提取的盐则制成味精，由温室所有者售卖。温室生产的水若有剩余，则用来种植柑橘类作物。温室也给当地生态带来了意想不到的好处：从温室中流出的凉爽、潮湿的空气令当地植物生长的更加繁盛。

2010年，这一海水温室项目新增了高科技的特色，在落日农场（Sundrop Farms）得以进一步商业化。这个占地2000m²的农场位于澳大利亚斯宾塞湾附近的奥古斯塔港。2014年，落日农场在现有业务基础上扩建20hm²。在完全增产的情况下，预计每年的食品产量将达到约10万kg无土种植的西红柿——而比同一地区的传统土地种植番茄的产量高出15~30倍，这将迅速收回200万美元的前期成本，并显著促进当地就业。[51]

如果这个全年生产淡水和作物的综合方法能够在靠近消费市场且未充分利用的沿海土地实施，那么就可以在其他干旱土地推广使用。在全球其他地区——包括整个地中海流域以及非洲部分地区、中东、墨西哥、南加州沿海地区、澳大利亚以及东亚——用海水替代稀缺的内陆淡水资源将是伟大的恩惠，在省电的同时，相关联的食品生产以及用水安全也给人们带来极大的实惠。[52]

撒哈拉森林项目：卡塔尔和约旦的试点设施

根据世界银行的统计，在2010年到2050年间，全球大部分地区的水资源短缺——北非、中东大部分地区以及东亚部分地区——将上涨40%。[53]这些地区的供水部门向可持续方向的转变需要实施三大举措：提升节水和用水效率，更多地使用处理过的废水，并淡化海水。然而，要想避免使用化石燃料的海水淡化厂大规模的二氧化碳排放，就必须向可再生能源转型。[54]

位于卡塔尔多哈的海水温室和聚光太阳能发电（Concentrating Solar Power，CSP）厂（图7-2），是撒哈拉森林项目（Sahara Forest Project）第一批试点之一，于2012年开工，到2013年已经收获了温室生产的第一批大麦作物。撒哈拉森林项目正在约旦的亚喀巴附近规划一个规模更大的试点项目，也同样地结合供水、发电和粮食种植——但也会利用废弃海水生产藻类，以进行碳封存。一旦这个利用可再生能源种植粮食的项目商业化，工厂就可以实现负碳生产。作为另一个附带的益处，这个工厂土壤通过吸收生物质残留物把碳封存起来。

图7-2 海水淡化基础设施周边沙漠固沙植被，撒哈拉森林项目试点设施，梅赛伊德，卡塔尔撒哈拉森林项目，海水温室，卡塔尔多哈（图片为撒哈拉森林项目版权所有）

在本书写作的时候，还没有确定开始施工的日期。一旦卡塔尔和约旦的相关设施接受全面的环境影响评估，之后撒哈拉森林项目将计划在约旦亚喀巴附近建造一个20hm²的大型示范中心，由政府捐赠的土地，将包括一条管道的地役权，将红海的海水从15km之外输送到内陆，用于海水淡化、耕作和能源生产。[55]该中心是混合系统，将利用发电、海水淡化和蒸散（土壤中的水分蒸发和植物的蒸腾作用）的过程协同效应。通过聚光太阳能发电达到效率最优化：多个反射镜将聚集太阳能，驱动蒸汽涡轮机发电。海水淡化过程中的水蒸发需要热能，而废热也可以在温室使用。进一步利用海水涉及共享场地的藻类等亲海洋物种的培育，可用于大规模的生物能源生产。系统成功的关键是最大化利用资源，包括废弃物。在这种情况下，海水将在不同的阶段以多种形式加以利用，以生产淡水，种植农作物，甚至生产生物燃料。

污水再利用——美国加州橘郡

从本质上说，地表水和地下水资源都跨越了单部门管辖界限。面临气候引发的水资源危机，改善水资源的可持续管理呼吁着方法的变革：水务部门必须认识到，所有的水资源（淡水、雨洪和污水）都是相互关联的，必须共同管理。水资源综合管理（Integrated Water Resources Management，IWRM），指的是各级政府的利益相关者之间的合作关系，重点是全面管理水资源，以确保水质和水量。[56]举例来说，美国加州于2002年通过《水资源综合管理法》规定在接下来的4年里，州政府将开始通过在覆盖加州82%面积的46个地区授权销售水务债券，以支持综合的集水区和蓄水层规划。[57]

　　加州橘郡的污水再利用方法是水务综合管理的一个范例。污水回收在一系列的水资源管理策略中应占有一席之地：除了减少从新来源取水的需要，它还减少甚至完全杜绝将处理过的污水排入地表水（图框7-1）。[58]

图框7-1　污水回用：比利时和纳米比亚的案例

　　在过去几十年间，日益精进的水处理方法令污水回用越来越普遍。比利时的西佛兰德沿海地区的六个社区所需要的淡水，历史上一直从当地一个沙丘之下很小的蓄水层取用，这引发了海水渗透。自从2002年开始，附近的乌尔坡恩废水处理工厂的废水经过了膜过滤处理后，才被用于地下蓄水层补给，这一方法产生了防止海水入侵的屏障，并改善饮用水质量。[1]

　　纳米比亚是撒哈拉以南非洲最干旱的国家之一，水蒸发的量几乎是使用水量的两倍。[2]当需求—管理措施——包括对设备、灌溉和游泳池用水的严格监管并不足以解决问题时，对于纳米比亚首都温得和克这个有200万人口的城市来说，污水回收才是可行的方法。这个城市的再利用方式比地下蓄水补给更直接，将水循环提升到新的水平。

　　在处理的第一阶段，将生活污水和工业污水分开，随后生活污水的净化过程包括臭氧化（臭氧处理）和膜超滤。经过重新处理的水仅仅相当于城市每日饮用水需求的25%，但是如果必要，这个数字可以提升至50%以满足需求。[3]监测微生物指标、味道试尝活动、教育、市场推广和媒体宣传，都使该系统获得公众的信任。

1　Emmanuel Van Houtte and Johan Verbauwhede, "Operational Experience with Indirect Potable Reuse at the Flemish Coast," Desalination 218, no. 1 (2008): 207.

2　Petrus L. Du Pisani, "Direct Reclamation of Potable Water at Windhoek's Goreangab Reclamation Plant," Desalination 188, no. 1 (2006): 79–80.

3　J. Lahnsteiner and G. Lempert, "Water Management in Windhoek, Namibia," Water Science & Technology 55, no. 1 (2007): 446.

　　美国污水回用最早的一些例子都是工业领域的，以及用于庄稼灌溉和高尔夫球场的水。尽管污水回收利用在1976～2005年间增加了15%，[59]但是截至2005年美国登记注册的3300个污水回收项目的大多数生产的都不是饮用水。[60]然而早在1976年加州橘郡的水管理局（Orange County Water District，OCWD）已经制定了一个政策，在多元化水资源的同时，解决气候变化对供水和海平面的一些早期影响。自从那时起，水管理局产生了世界范围内的影响力，通过先进的污水处理率先引领污水回用进行蓄水层补给。

　　水管理局回用水间接用于饮用水所取得的成就，即经深度净化的污水回收用于地下蓄水层补给，代表着朝向综合水资源规划迈出的一大步。这一成就要求跨越政府不同部门管辖权界限和涉及环境卫生、水质和公共卫生的监管机构之间开展非凡合作。值得注意的是，这项创新也解决了污水回用最重要的障碍：公众阻力。

　　橘郡属于沙漠气候，一直以来依靠的是蓄水层管理和外部调水的综合策略。到20世纪50年代，人口激增以及农业需求旺盛，导致了地下水的过度开采，而橘郡的地下水位也降到了海平面以下，导致了海水侵入含水层，向内陆延伸至8km。[61]为了控制海水入侵，水管理局开始高价购入饮用水，这些水被回灌到含水层地下水中，以形成一个加压的屏障，防止逐渐侵入海水造成的污染。1976年，水管理局建立了21世纪水厂，停止了这一做法。21世纪水厂并没有把经过处初级处理的污水直接排到海里，而是使用当时最先进的净化技术对污水进行深度处理。其中一些水被用作水力屏障来抵御海水入侵；其余部分用于地下水灌回，直接补充了水管理局的含水层。[62]

　　到20世纪90年代，面对橘郡污水量日益增加，卫生管理局开始考虑投资2亿美元新建一个入海河口——通向海里的排放管道。而事实上，2007年卫生管理局与水管理局合作扩建污水循环厂，现在这个处理厂年生产超过9600万吨处理过的污水。[63]通过微滤、反渗透和紫外线灭菌，经过所谓的地下水补给系统（Groundwater Replenishment System，GWRS）处理的污水达到接近蒸馏水的水质，超过所有州和联邦饮用水标准。约有50%的水用于扩大海水屏障；剩余的去处如下：或者是水管理局的补给设施，距离此地约21km；或是选择"渗流湖"，土壤是可渗透的，水在这里进行过滤为期六个月，之后混入地下水作为饮用水供应。[64]

　　这种整体式综合方法需要水务部门和卫生管理部门紧密的配合——对于更倾向于自成一体的政府各个机构而言是个巨大的挑战。各部门还开展了一个积极的项目，包括咨询和教育推广，以使公众接受污水处理过程。由于环境和公共卫生领域专家和组织的支持，以及广泛的、持续的与社区的交流——包括企业、其他政府机构、卫生和医疗部门——地下水补给系统（GWRS）最终不仅赢得了公众的信任，而且获得了压倒性的公众支持。[65]

新加坡"全民水源"运动

作为世界上最繁忙的港口之一，新加坡的地理位置得天独厚，位于全球贸易的十字路口，拥有成功的自由市场经济和富裕且受过高等教育的人口。尽管自然资源有限，这个岛国还是取得了蓬勃发展；但新加坡现在逐渐显露出跃进式发展的代价：曾经覆盖着全岛的雨林现在只限于武吉知马（Bukit Timah）自然保护区和一些组成国家淡水资源的小流域，现在流域规模也进一步缩小。

从历史上看，新加坡以高效创造了繁荣的经济，现在用同样的实用效率发展了其水利基础设施。国家纵横交错的多条水道都有保护层，以防止侵蚀——这是一种对航运和商业很方便的灰色基础设施方法，但站在美学和环保角度都是灾难性的。这种结构对环境造成了许多损害，其中之一就是抑制了自然的渗透和储存。

根据一项将于2061年到期的条约，新加坡从马来西亚进口淡水——这一选项充满政治不确定性。为了管理需求，开发和扩大本国的水资源，并使国家放弃国外的水供应，新加坡的法定公共事业局（Public Utilities Board，PUB）作为国家公共运营的水务公用事业部门，同时拥有对天然气和电力的管辖权，该部门已经实施了一套复杂的政策措施。通过渐进式的计划和综合基础设施解决方案，新加坡正在优化其有限的水资源，同时恢复国内天然水道，还原这个岛国自然的美景。

公共事业局的口号——"全民水源：节省、珍惜、享用"（Water For All: Conserve，Value，Enjoy）——引领着一场从硬路径转向软路径管理的变革——这个自上而下的过程正在逐步开展，通过高效的行政管理和一个设计良好的监管框架，[66]在综合和战略规划的指导下，总体愿景涉及100多个不同规模的项目，将在未来10～15年内实施。[67]为了建立社区支持和加强管理，除了制定一体化政策减少用水需求外，公共事业局还开展了一系列项目——包括四大供水渠道，3P合作伙伴和全民共享水源计划——每个项目都有几个子项目和相关的教育活动。

于2006年起实施的"四大供水渠道"是一个战略性规划，目的是为了在50年内实现用水自足。为了减少从马来西亚进口淡水量（第一大供水渠道），该规划关注的是其他三个水来源：本地蓄水，使用新生水（回用水）以及发展海水淡化处理设施。

本地蓄水指的是一个庞大的雨水排放系统将雨水引流入15个蓄水池组成的综合体系。最近新建的滨海蓄水池（位于城市中心）的蓄水区是全岛最大的，达到新加坡国土面积的六分之一，现在可满足全国10%的用水需求。[68]

新生水（NEWater）是基于3P合作伙伴而开发的单独供水渠道，预计到2060年能满足全国一半的用水需求。[69]新生水有效的增加了可用的水资源；[70]成功的公关活动克服了公众对回用水（即所谓的"马桶通龙头"）的厌恶情绪，证明了让居民参与进来作为合作伙伴的价值。

为研发提供动力的行业合作伙伴对新技术的创建至关重要，包括节能的海水淡化厂。一家使用反渗透法的海水淡化厂目前提供充足优质的饮用水，可以满足新加坡30%的水需求。[71]该厂的一个技术前景光明，利用工业废热能抵消海水淡化的高能耗，从而以同样的成本增加了海水淡化这个供水渠道的供水量。[72]

所谓3P合作伙伴（people，public，private/人、公共、私有）将社会大众、政府以及企业部门三方集合在一起，通过强制性节约用水、水价和教育等措施管理用水需求方。"活跃、优美、清洁共享"是全民共享水源计划（ABC Waters）的口号，这个计划也是新加坡公共事业局制定的战略中最引人注目的一项。作为一项旨在恢复生态功能和改善城市生活环境的进步倡议，全民共享水源计划有两个主要组成部分：一个绿色基础设施规划以及公关活动，旨在通过重新定义水对社会的价值，来支持水体的恢复和增加。软路径的水利基础设施，例如雨水花园，绿植屋面，生态调节沟和干式的滞洪池，已经被巧妙用来补充现有的硬路径系统。为了减缓洪峰、调节流量，雨水在现场进行处理，然后缓慢地释放到水流中。新加坡普遍使用相对简单的技术也能发挥文化和娱乐方面的功能：美学方面的改造令基础设施升级的同时，结合了艺术、休闲活动和教育体验。

多功能的滨海堤坝（Marina Barrage）横跨市中心的滨海湾，或许是新加坡最雄心勃勃的基础设施资产：除了作为防潮堤和防洪设施之外，这座大堤将封闭的海滨变成了主要的淡水蓄水池和休闲区（图7-3）。游客经过新建的热带植物园，到达一个两层的绿屋顶游客中心。

游客中心围着泵房而建，泵房内有水闸门。该项目展示了新加坡环保方面的成

图7-3 滨海堤坝和游客中心鸟瞰图，新加坡（感谢CDM Smith提供图片）

就：创新设计、环保特色和社区设施交织在一起，体现出公共事业局对水资源实施的整体管理模式。

结论

尤其是气候影响与其他人为因素的压力结合在一起时，对淡水资源造成越来越大的压力。大规模水文循环的改变导致供水量的变化，这是全世界都无法完全摆脱的。在许多地方，这些变化将会导致容易获得的淡水资源越来越少。结果使水利部门和其他包括农业、工业和能源生产等关键基础设施部门一样，必须停止开采"原生水"（化石水），即不能通过渗透补充的深水含水层。除了地下水补给之外，基础设施各个部门必须寻求替代供水来源，并增加回用水选择。

在许多农耕地区，水利基础设施应该通过建造水库以及恢复地下水补给自然功能，从而增加储水能力。在缺水或用水紧张的城市地区，雨水通常都是弃之不用，如何收集、处理并存储雨水用于非饮用水的用途是我们应该考虑的问题。雨水收集是解决水资源短缺最简单的技术之一，但是并不十分先进，尤其是城市地区，这是十分矛盾的。例如在美国只有几个城市和州推翻了有关禁止室内使用雨水的规定，这些规定是基于健康和安全考虑的。自然资源保护协会（the Natural Resources Defense Council）于2011年所做的一项研究发现，如果有50%的屋顶区域捕捉到了开始的2.5cm降雨量用于非饮用水，那么美国佐治亚州首府亚特兰大和伊利诺伊州的芝加哥的年度节约金额将分别为2590万美元和2060万美元。[73]此外，根据亚利桑那州立大学所做的一项研究分析，美国亚利桑那州南部城市图森是全美最干旱的城市之一，如果采用类似的屋顶集雨，可能减少30%～40%的生活用水量。[74]

针对沿海社区水资源短缺的另一条应对之道将是混合可再生能源发电和海水淡化。幸运的是许多严重缺水的沿海社区所处纬度享有充沛的太阳能。[75]例如美国沿海干旱社区可以着手利用发电、海水淡化和农业这三者的过程协同效应。最后，污水回收处理用于非饮用水的用途（例如橘郡和温得和克）能帮助稳定和扩大可用水资源。

然而，在能源与水的关系中，即便加上新生水的和可循环利用水源可能还不够。例如，长期用于农业灌溉的水源可能需要被转用于关键的重新造林活动（旨在储存碳），或者用于种植替代碳基燃料的生物能源资源。在干旱和半干旱地区的行动计划则包括海水淡化和污水再利用，这些将是能源密集型的；而且还存在着废弃海水的处理问题。

因为资源限制和人口密集，像新加坡这样的小型岛国可以率先通过综合系统管理模式增扩水源。水资源综合管理（Integrated Water Resources Management，IWRM）是可持续水管理中的一个极为关键的组件，涉及水文循环中所有的水源和交易，协调复杂交叉的部门管辖权，并在调动所有有关部门的参与过程中发挥着至关重要的作用。

最终，水利和能源的基础设施之间的合作对于减少与淡水的采购和运输相关的碳排放强度尤为重要。资源的整合如果慎重地加以应用，如恢复戈达瓦里蓄水池的例子，或是卡塔尔和约旦撒哈拉森林项目应用的高科技：不仅能减少珍贵资源的浪费，且能耗较低；而且能够成为改善农业生产的催化剂。

第8章

前进的路：系统思考，局部实验

本书引言部分回溯了2007年美国明尼苏达州明尼阿波利斯发生的 I-35W桥梁坍塌的悲剧性事故。而今在事故原址修建的圣安东尼瀑布大桥作为具有前瞻性的基础设施，提高安全性，预先考虑可替代的交通方式，降低运营能源成本，还包含了社区便利设施。与本书中分析的世界各地的项目一样，这座新建大桥体现了后工业时代基础设施的许多重点。应对我们在美国遭遇的挑战——也是最后这章的重点所在——重建的大桥提醒了我们，我们拥有进步的技术知识和工具；我们现在需要的是远见和领导力来制定政策，创造融资工具以使适应未来发展的基建成为可能。

美国需要建设的基础设施以及基建设施维修养护规模庞大，引起一系列的问题。在缺乏全国基础设施建设日程的背景下，谁来领导？资金可以通过现有的或重组的金融机构进行杠杆化吗？——如果不可以，什么样的政策工具可用来解决资金缺口？如何引导决策者超越部门各自为政的思维，建立合作伙伴关系和跨部门战略，并设计多功能的公共工程？

鉴于旷日持久的经济复苏和国会的僵局，尽管工业、民间团体和专业组织的呼声越来越大，基础设施重建工作真正取得进展似乎不太可能，至少在短期内是如此。在理想情况下，复兴的国家愿景将使联邦、州和地方政府在支持下一代投资方面密切合作，共同制定政策——首先去除有害的补贴和抑制环境风险（环境损害的社会成本）；其次，通过扩大市场激励机制，建立有利于下一代投资的融资机制。一个积极的联邦政府将促进和资助涉及多部门的基建项目，无论是区域或国家层面的，如改善州际交通项目和综合水资源管理项目，并帮助加速智能电网的推广。一个中央贷款机构（按照拟议中的国家基础设施银行的路线）可以简化融资渠道，增加公共和私人部门的投资。最后，一个积极的联邦政府将能够支持新一代基础设施技术的研究、试点和发展，就像欧盟或欧洲各国政府为法国里尔、荷兰和丹麦洛兰岛的试点项目所做的那样。

尽管联邦政府主导的基建项目的英雄时代——从运河到铁路到农村电气化和州际公路——已成为历史，但是在联邦政府的资助和支持下，其他各级政府可能会更好地推动它们向前发展。自从20世纪80年代之前在州际公路、供水和处理系统等主要项目上进行投资后，联邦政府已经把大部分涉及基础设施规划、扩建和维护的工作都移交给了州政府和地方政府，这些州政府和地方政府现在拥有全美大约97%的桥梁、公路和高速公路。一半的水过滤系统和大约80%的污水系统都是由各个市政府和地方政府所有并运营。[1]

21世纪的基础设施全景将是错综复杂的，在最地方层面上建设一体化的跨部门基建项目将需要革命性的领导能力和组织能力。在选址问题上，土地使用决策在很大程度上是由地方控制的，这意味着地方政府可能比上级州政府更灵活——更不用说联邦政府了。实际上，大多数公共服务都是地方性事务；城市和乡镇处理的具体情况。鉴于州政府和地方政府对基础设施投资的参与程度，以及政府对项目规划和实施方面的职权，这些级别的政府是潜在的领导和创新中心。

无论有没有联邦政府的指导，州政府和地方政府都能够掌控自己的命运。各州甚至能相互合作解决区域层面的问题，有助于利用现有的融资或集合新的融资。地方政府可以进行一些财政上的创举——如增税融资、特别评估区、用户收费、有针对性的增税、债券发行和公民表决提案。有了正确的政策工具，特别是在公私合作的支持下，各州和地方政府可以积极推进新一代协同公共事业的发展。因此，本章中所论述的策略针对的是各州和地方政府官员，准备在转型基础设施规划领域提供更灵活的领导，包括与先进的公用事业公司、监管机构和新的投资实体合作。有先例可循，以系统的方式思考，然后局部的进行实验，[2]在未来的几年里能够有所建树。

最后一章概述了推动国家发展多功能、跨部门的基础设施体系的具体步骤——具体来说，包括调动资金、制定创新政策，并为综合设施创造新的分配模式。

书中的五条原则成为本书框架，各州和地方政府需要打造的项目要与这五条原则一致，也将具备如下这些重点：通过功能组合达到最优化；低碳或零碳排放的供热和发电；人造系统和自然系统高效合并；包括社区设施；以及智能化适应气候不确定性。

各州和地方政府：实验性变化的中介

美国优秀的基础设施项目表明，地方实体能够牵头实施雄心勃勃的多功能基础设施计划（参见第3章的波索山生物质热电联产厂，或是新罕布什尔大学生态线路合作关系；第4章的美国加州阿克塔污水处理厂；以及第7章美国橘郡的21世纪水厂）。然而，为了推广这样的成功经验，将需要新的政策机制和州以及地方政府层面的资助。

现今，各个州和地方政府对于华盛顿政府普遍的政治瘫痪感到失望，已经开始自主采取行动，一些甚至跨州进行合作。例如，为了应对气候变化，截至2012年已经有1054位美国市长[3]和36个州[4]（包括哥伦比亚特区）制定了温室气体减排计划。[5]美国东北部9个州已经于2005年签署了一个地区协议：每年减少约2400万吨的二氧化碳排放量，降至每年1亿6500万吨。2013年2月，这几个州一致同意到2014年降低上限为每年91吨，每年以2.5%的速度持续到2020年进一步减少碳排放。[6]

由于联邦政府缺乏统一行动的计划，许多城市和州政府的领导人都自创替代的基础设施开发机制。例如俄克拉荷马城的选民在2009年投票同意市政府临时加收1%的地方销售税——将在七年内产生超过7.5亿美元，用于一系列城市地区的项目（MAPs），同时由当地商会和私营部门捐款支持。[7]通过MAPs，俄克拉荷马城得以改善公园和自行车道，并建设一个有轨电车系统和交通枢纽。[8]此外，通过聚集和整合各个项目，俄克拉荷马城将能够节省施工成本。芝加哥基础设施信托基金会（The Chicago Infrastructure Trust，下文详述）将利用私人投资来支持其他预算不平衡、跨部门的城市基建项目。成立于2012年的西海岸基础设施建设交易所（West Coast Infrastructure Exchange，WCX）是一个大胆的举措。这表明，为了应对亟待解决的能源、水和交通问题，美国相邻各州政府官员所做出的大胆创举。加利福尼亚州、华盛顿州以及俄勒冈州的州长、财政官员和基建开发部与加拿大不列颠哥伦比亚省联合起来共同行动，建立了这个西海岸基础设施建设交易所，将可以促进其他渠道基础设施投资，将公共资金与私人投资结合起来，并开发新的分配模式，以创造至关重要的基于绩效——或"基于效能"的能源、水和交通项目来为所在地区服务。

新一代基建项目的融资机制

从20世纪80年代末期开始，美国基础设施的投资逐步从联邦政府转移到州政府。为了填补联邦政府补贴的空缺，以及利用剩余联邦拨款，各州开发了替代的投资工具。1987年《联邦水质法》确立了州周转基金（state revolving funds，SRF）用于各州的饮用水和污水处理基础设施；自从1992年以来，该项基金已累积资助超过1000亿美元用于改善美国基础设施。资助交通基建项目的州立基础设施银行（State infrastructure banks，SIBs）于20世纪90年代中期通过独立的各州授权立法建立，最初作为州周转基金的分支机构，后又于2005年扩展业务范围；许多是通过联邦高速公路的授权法案进行资本化的。现在美国33个州拥有州立基础设施银行，尽管其中十多家不够活跃，原因是好几次资金用完后该州政府没有补充。[9]

州周转基金、州立基础设施银行，以及"绿色银行，"例如康涅狄格州的清洁能源融资与投资管理局（the Connecticut Clean Energy Finance and Investment Authority）都是典型的非营利机构，在州政府监管下运作，将私人银行职能与公众监督结合起来。上述三个机构都提供机会通过周转资金进行项目融资，这样的金融机构里偿还的本金、债券、利息和费用可以补充可用资本。州周转基金主要用于路面交通项目投资和水务相关的改善性项目，还有一些可再生项目。州立基础设施银行和绿色银行最初的资金来源是各种拨款和大笔的州政府配套资金。

州立基础设施银行的贷款利率很低，可能成为增加州政府和地方政府主导基础设施支出的最具价值和最通用的方式。因为他们只对自己所在州内的实体负责（很多都隶属于州政府运输部门），所以州立基础设施银行过去能够避免联邦采购的延误，因此更灵活，对当地的需求更敏感。由于它们的选择过程十分正式，州立基础设施银行也可能更好地将项目选择决策与政治影响隔离开来。重要的是，州立基础设施银行可用来影响私人投资，利用项目专长，以维持当地经济发展。[10]

州立基础设施银行有不同等级的决策权。一些州立基础设施银行会委派外部的监管团体，但大多数银行有一个理事会或顾问委员会，负责指导项目选择并提供一般监督；这样的理事会或委员会可能由其他部门机构的代表组成，以及由政府或立法机构任命的官员。有时候，理事会包括一个市民监管委员会，成员多为指定任命；还可能有规定要求一切会议必须公开。[11]

加利福尼亚州基础设施和经济发展银行（The California Infrastructure and Economic Development Bank，California I-Bank）是最成功的州立基础设施银行之一，城市土地学会（the Urban Land Institute）和其他机构提出可将其作为建立国家基础设施银行的模范。[12]银行位于加州商业、交通和住宅部内，但是作为一个独立实体而运营。自1999年一次性拨款1.81亿美元以来，加州基础设施和经济发展银行的运作资金完全来自借款人的手续费、贷款偿还和银行利息收入。加州基础设施和经济发展银行的广泛权力使其能够提供低成本、长期的基础设施融资。值得注意的是，该银行支持了许多领域的公共工程，包括供水和污水处理设施、教育和娱乐设施、公共交通、街道、高速公路和雨洪排水系统。[13]根据项目影响（提供就业机会总数和工作留用率）、当地社区就业、生活质量和社区便利设施、经济需求、土地使用战略、环境保护和杠杆能力等因素为标准，分配给项目不同的优先等级。

加州基础设施和经济发展银行的一个债券计划——基础设施州立周转基金，给各个市、县、区和再开发机构提供融资渠道，通过其他地方、州政府和联邦政府的拨款或贷款来获得资金。[14]在2000年中期到2010年中，基础设施州立周转基金共批准95项贷款，总额超过4亿美元。[15]加州基础设施和经济发展银行和芝加哥基础设施信托基金会（CIT；参见下文）一样，是一个跨部门创造力的典范，使用交叉方法进行项目开发和融资，特别是鼓励"改造型基础设施项目。"[16]在工会、非政府组织和私营部门领导人的支持下，加州基础设施和经济发展银行利用州政府基金来升级公共基础设施资产，参与包括私人投资者在内的定制项目融资。

基础设施开发另一个类似的革新机制是芝加哥基础设施信托基金会（CIT），这是由芝加哥市长拉姆·伊曼纽尔（Rahm Emanuel）构想出的70亿美元的大胆投资，于2012年根据城市法规建立。为了创造就业机会和利用私人投资，芝加哥基础设施信托基金会将被用于建设或改造从机场到通勤铁路到公园、学校和公共设施等领域的基本服务。例如，为了减少未来的路面切割施工，在经过各部门协调努力之后，铺设宽带的施工作业将和预计1448公里的水管线和约1207km的污水管道替换施工同时进行。[17]2012年的美国市长会议将其视为一个创新之举，并为那些希望掌控自己城市的基础设施命运的城市制定了蓝图。在其他大城市，CIT是一个具有广泛应用潜力的可行模式。[18]

公私合营以及基础设施私人投资的兴起

公私合营（PPPs）不仅有助于填补公共基础设施的融资和交付缺口，而且还为私营部门参与融资、设计、建设以及公共工程的运营和维护提供了机会。PPPs可以用于一次性项目，也可以应用于正在进行的资本项目。其潜在的好处是节约成本；按时和在预算内完成项目；当然，还有更低的政府开支。当特许合同（政府和私人公司之间的协议）得以合理安排时，可以减少或消除延期维护（可归因于政府预算短缺）。[19]

在英国的公私合营中，国家对公共基础设施投资比例在10%～13%之间，在印度和日本，这种模式的使用正在迅速增加。加拿大和澳大利亚在水务和污水处理项目中使用了公私合营，同样做法的还有爱尔兰、荷兰和其他欧洲国家。[20]除了伊利诺伊州、印第安纳州和得克萨斯州的各种收费公路和其他高速公路基础设施，PPPs在美国仍然是个新鲜事物。是否能为州和地方各级公私合营项目创造支持氛围，则取决于州一级授权法的通过，为合同制定合理的法律框架，公平分配风险，以及谨慎地组织运营和维护特许权。[21]

自从2005年开始，来自全球的大笔资金被汇集在私人基金中用于基础设施投资，这是由于私营部门意识到公共部门资金紧张以及此类投资的收入潜力。数十亿美元此类资本都是由摩根士丹利投资公司、通用电气—瑞士信贷第一波士顿银行和摩根大通等机构提供的。[22]同时，保险公司和养老基金等大型投资者正通过基础设施投资，将所持资产进行多样化投资，以相对较小的风险预估得到可预测的、合理的回报。[23]例如一家荷兰养老基金已经在基础设施上投资了20亿欧元，希望到2015年增加到50亿欧元；在2010年，安大略省教师退休金计划在基础设施领域投资了71亿加元，占其总资产的6%还多。[24]

截至2012年，美国养老基金中的8.1亿美元用于投资港口、发电站和高速公路等澳大利亚资产。[25]这一情况引发了一个问题：为什么要出国投资，而不是用它来满足国内日益增长的需求？然而，变革可能即将到来。加利福尼亚州、堪萨斯州和华盛顿州的公务员和教师退休系统宣布：打算将一小部分资产配置到基础设施中。[26]私人投资领域中可能是预测潜在趋势最重要的一个指标，也是应对气候变化的指标，即是纽约市教师退休系统决定投资10亿美元改善飓风桑迪过后严重受损的关键领域基础设施。[27]

公私合营（PPPs）对于建设适应未来发展的公共工程所发挥的重要性不容低估。第一，类似芝加哥基础设施信托基金会的PPPs将几个项目结合起来，这对于多部门联合项目很有益处。第二，PPPs所具有的灵活性可以使用替代购买方式，例如设计/建造合同和基于效能的承包合同（项目实现特定的、可衡量的效能标准的承诺）——与典型的政府采购流程的刻板僵化和特殊性相比，它可以促进更大的设计创新。第三，在PPP下，新一代基建项目的合同可以根据最佳价值来获得——考虑到额外的好处——而不是基于最低的价格获得。最后，由于获取投资越来越困难，革新式的购买方法和设计/建造/运营效率结合起来，能鼓励更多替代的交付方式，对复杂的综合项目更有益。

然而，公私合营也面临了一些挑战。公众对于私有化十分警惕——这种警惕一部分源于人们对私人资本成本更高的担忧，而这不是完全没有根据的。其他的缺点还包括公共机构缺乏处理复杂合同模式的能力。另一方面，这些担忧可以通过启用"公私合营单位"（在其他国家很成功）来克服——建立这些实体的明确目标就是进行质量控制和标准化，提供技术建议，并制定适当的政策。[28]

在投资决策中嵌入五项原则

根据2002年美国联邦政府对交通基建融资的评估报告，州周转基金（SRF）选择项目的方法差别很大，有"先到先得"的，还有客观和主观标准相结合的，包括项目目标和财务评估。涉及选择标准，报告中特别指出了美国佛罗里达州交通运输部的最佳做法：在财务评估之后，该部门的标准包括"经济效益、新技术（智能交通）、环境效益和增强多式联运"。[29]芝加哥基础设施信托基金会（CIT）和加利福尼亚州基础设施和经济发展银行（I-Bank）也都依靠三重底线标准。[30]

州周转基金和州立基础设施银行可能使用什么机制来促进新一代基建项目的发展呢？一个选择是主动鼓励特定类型和发展的组合，通过建立以实效为导向的准入机制或补充标准，以及与新一代公共工程的五个原则相一致的奖励和分配公式：多功能、低碳的基础设施，与自然系统紧密协调，融入社会环境，能适应不断变化的气候。遵循如下图框8-1内文字列出的选择标准将有助于发展综合的、多维度的规划。

达到同一目标的另外一种方法是将前瞻式评估标准交到一个独立团体的手中，

图框8-1　为州周转基金和州立基础设施银行新一代基础设施融资的示例补充评估标准[1]

项目赞助者的资格

各部门；机构；委员会；城市；城镇；县；代表申请人成立的非营利性公司；特区；评估区域；州政府之内的联合权力机关；以及上述这些类别的任何组合。

项目类型

街道；州和县的高速路；排水系统；供水和雨洪控制设施；港口；公园和娱乐休闲设施；电力和通信设施；公共交通；污水收集和处理设施；固体垃圾收集和处置设施；以及与这些系统相关联的其他公共设施。

为项目优先性排序的补充评分标准

包括经济需求和财务经济可行性的门槛准入资格之外，项目应提供完整的生命周期成本分析（LCCA），包括项目代理和用户成本。评估报告也应该尽可能包括主要负面外部效应的识别和评估，以及项目所引起的环境和社会的协同效益。此类基础设施项目在通过评估后应该比单一功能或按照传统设计的基础设施享有优先资助权，并且根据其是否达到下列补充标准。它们尤其应该：

支持混合用地

- 两种或更多类型的项目混合用地。
- 共享道路、运营和维护设施，分摊水电费。
- 使用（1）之前城市化的地块，最好是棕色地块；（2）空地或未充分利用的城市和郊区地块；（3）与已开发场地紧邻的地块。

减少能耗，降低温室气体排放量

- 设计能提升运营能效和/或节能。
- 通过部分场地内绿色能源生产从而减少能源需求；购买绿色能源，抵消电网购电；与其他分散式发电来源相连；和/或利用有效能源；或者——

1　部分内容是改编自《基础设施州周转资金（ISRF）项目发展的标准、优先权与指南》，即加利福尼亚州基础设施和经济发展银行报告（2008 年 1 月 29 日经董事会批准的标准）。

- 由本地垃圾焚烧发电产生的能源或者购自有机垃圾或污水厌氧消化（沼气）。
- 优先考虑集体项目和/或联合项目，能通过回收和交换垃圾、污水和废热从而减少能耗并降低对环境的影响。

包含绿色基础设施

- 根据综合水资源管理计划进行系统规划。
- 场地降水的收集、留存，和/或处理以便循环使用或直接渗透。
- 减少饮用水用量，以雨水或灰色水替代饮用水用于制冷或其他非直饮的用途。
- 依靠绿色基础设施的措施消除雨水径流。
- 减少水处理和输送过程中的能耗和/或使用化学制剂的方法。

社会和/或经济效益

- 社区的生活质量得到提升，更有吸引力且长期经济竞争力增加。
- 全面的环境整治和对场地和周边环境的缓解措施。
- 创造就业和/或融资平均每一美元创造的社区就业。
- 包含社区设施或其他新建教育、文化或娱乐用途在内创造的本地就业机会。
- 提供品质生活的措施和/或社区便利设施。

气候适应性措施

- 结合基于地点的措施，以实现面临极端天气事件时基础设施的适应力，或在气候敏感地区（如海岸线、河流、风暴路径）优先考虑软路径设施。
- 包含保障措施（如余量）以减少跨部门级联式的故障。
- 针对水收集、存储、净化和有益的循环利用，做出相关规定。
- 水的收集、存储、使用和循环再利用整合为一体。

例如专管评估或支持多功能投资项目的州一级基础设施委员会。例如许多理事会或者委员会，其中一些是立法授权，其他的则是行政任命，还有其他一些是以蓝丝带小组（或称为专家委员会）的形式，这些理事会或委员会已经受命在基础设施投资方面做出州政府或地方政府的战略决策。此类例子有由马萨诸塞联邦建立的公私基础设施特别委员会；纽约州的2100委员会，针对的是全州范围内的适应性措施；威斯康星州的马拉松县建立的基础设施委员会；旧金山社区投资与基础设施委员会

（替代旧金山市重建局的两个委员会之一）。

理想情况下，基础设施委员会将由无党派、任命或选举的专家组成，这些专家被授权发展和协调跨部门项目，并将其与州或地方融资系统联系起来。该委员会将包括来自国家机构或地方政府部门的代表（如能源、水服务、环境保护、交通、公园）以及监管部门、私营部门和非政府组织的成员。它们的作用将十分广泛：制定整体政策，建立预期结果的绩效指标，审查资本改进计划，批准大型项目的设计，可能还有故障排除和总体监督（图框8-2）。

图框8-2 拟建州一级（或大城市）基础设施委员会：功能和职责

- 倡导并致力于开发跨部门基础设施的改进：（1）将能源、水、污水、垃圾和交通联系起来；（2）提供协同效益；（3）包括互补性公用事业、行业或企业。

- 通过突出功能组合带来的潜在收益，帮助相互关联的多部门项目加速规划和融资（例如回收的能量、水或营养素）。

- 通过宣传和推广，促进综合基础设施发展的最佳实践，提供必要的咨询技术专业知识。

- 与区划或其他监管部门合作以方便修改或变动，这将支持多功能基础设施的开发。

- 充当中介和协调者，帮助州政府和地方政府、服务提供商、监管机构、消费者和其他利益相关者与国有银行的私人投资者和股权所有者联系起来。

- 通过为交通系统、道路、街区和高速公路、污水、能源、水和公园等部门从资本项目中安排混合的州政府（或市政府）投资，鼓励共享资金成本。

- 确保与受影响社区和地区的利益相关方保持长期联系。

- 制定绩效指标，包括内部效率、能源级联、资源回收、土地利用集约度，以及场地共享带来的其他增值的环境和社会效益。

- 与其他州基础设施委员会协调跨州计划。

- 与公立或私立学术机构合作开展新技术研究。

- 助力私人投资。

新一代基础设施的政策和工具

美国各州和地方政府可以通过实施诸如芝加哥、加利福尼亚州和俄克拉荷马州等的创新项目，从而集聚政治意愿和资金来对抗联邦政府的不作为。通过与现存基础设施银行、周转资金或非盈利信托合作（或者创建新的），州长和州议员们、当地高管和董事会管理机构或部门主管、开发部门、非政府组织、开发商和公共或私人公共服务提供者可以开始接洽大项目，鼓励各基础设施部门更多地从跨部门合作角度思考问题，使"适应未来"成为一条"增值"的新标准。接下来的五个小节分述了五条原则，强调一些现有方法，还有一些有助于推进新一代基础设施的项目和工具。

促进联合项目的跨部门规划

各州和地方政府与公共事业部门合作伙伴能利用自己的土地使用权来支持基础设施的集群化。从实践角度出发，这可能意味着在州一级或者是地方一级的经济开发区的圈定，进行分区变更，使工业和商业区域能够适应基础设施的混合使用，或者合并公共设施。设想这样的组合将包括：（1）分散式能源热电联产，再结合（2）去中心化的雨洪和/或污水处理，以及（3）有机和固体垃圾处理设施，允许废热回收、沼气生产，水循环利用和其他副产品的收集以实现增收。同一地点还可以兴建公共汽车或卡车停车场，在同一地点附带生物沼气加气站（同法国里尔的例子）。如果这样的开发项目坐落于一个棕色地块，还能够利用城市或州补充的棕色土地资金或美国国家环保局的"棕地区域规划试点计划"或"多用途试点拨款"的资金。地方政府和具有革新精神的公共事业部门合作，能促进棕地或倒闭的购物中心（老旧、废弃或无人入驻的商场）得到重新开发利用，作为生态基础设施的公园——这类场地可以容纳分散式基础设施以及租户，他们可以利用场地产出的资源，或为之做出贡献。

各州和地方政府可持续性计划要考虑联系各基础设施部门资本项目的理想框架，寻求时机，是集体施工还是协调施工，是升级还是扩建。可持续性和气候行动计划——例如纽约市PlaNYC 2030综合规划，圣塔莫尼卡的15×15气候行动计划，以及2015年芝加哥可持续性行动纲领——提供了必要的愿景和环境、经济和社会综合框架，以实现基础设施集群化。

由波特兰州立可持续解决方案研究所开发的"生态区模型"，提出了治理和融资框架，在此框架下地方政府、公用事业、开发商和其他机构可以共同承担复杂的区域规模基础设施的改进。[31]在丹佛、波特兰（俄勒冈州）和西雅图进行的试点项目都取得了成功。例如，丹佛的"生活城市街区"是一个由原本不相关的住宅和商业建筑业主组成的联盟，在下城区进行基础设施升级改造，包括可再生能源和节能方面的改造项目。[32]

在各个州和地方层面增加绿色能源

向低碳发电、绿色能源购买和分散式能源生产的转变，将召唤政治、社会经济和技术各个层次的变革，这对许多个人、企业甚至是美国的民选官员来说都是一种挑战。尽管如此，许多世界500强企业、州和地方政府部门以及美国选民认为，如果美国的长期能源安全和绿色就业前景改善，这种转变是不可避免的，而私营企业和技术的进步有助于在绿色能源领域增加投资。[33]各州和地方政府很早就采用了支持脱碳的政策和技术战略，可能继续成为这场重要的社会变革中的主要参与者。

各州已经提供财政激励措施以支持低碳能源市场，主要通过采用可再生能源组合标准。到2012年，这些强制性目标分别是在北达科他州和南达科他州，到2015年大约10%；到2030年，加州将达到30%。[34]此外，各州已经在努力降低实施碳减排的障碍；净计量电价，即允许电力用户生产可再生能源来抵消他们的用电量，和联网政策一样都是由州一级公用事业委员会控制，联网政策规定了连接电网的分散式发电系统的技术安全要求。美国已经有45个州采用了净计量电价政策，联网政策则在44个州和华盛顿特区实行。[35]

各州可以通过减少碳排放的目标和绿色能源政策（在联邦层面上没有实施）来帮助实现可再生能源的公平竞争。在2002～2008年间，美国政府给予化石燃料行业超过720亿美元的补贴，而联邦政府对可再生能源行业的总投资仅为122亿美元。[36]尽管联邦政府对化石燃料行业的补贴不太可能逐步取消，但各州可以通过政策来发挥杠杆作用，这些政策充分考虑到清洁能源的社会和环境效益。其中一个杠杆是碳信用额（也称为碳补偿）。2012年10月，加州立法机构在美国建立了第一个碳排放限额交易计划——可能是仅次于欧盟的世界第二大碳排放限额交易计划。根据该计划，政府将向排放者提供碳排放配额或碳排放额度，然后进行拍卖。这些拍卖收入预计将在2016年达到100亿美元，将用于投资进一步减少温室气体排放的基础设施。[37]

我们还需要采取额外的政策措施，为清洁能源的分散供应商提供更高的回报。在欧洲，目前主导的政策机制之一是上网电价补贴政策（FIT），这是公用事业公司为可再生能源生产支付的溢价，（1）反映了避免使用化石燃料而节约的环境成本的价值，（2）消除电力购买协议的不确定性（在解除管制的市场上价格波动），（3）使可再生能源项目在经济上更加可行。[38]到目前为止，美国的十几个司法辖区已经实施了入网电价补贴政策。实施此政策的有加利福尼亚州，早在2006年就已经率先尝试；夏威夷和佛蒙特州都是在2009年开始实施上网电价补贴政策；还有俄勒冈州，于2010年开始实施此政策。实施此政策的城市有佛罗里达州的盖恩斯维尔和加利福尼亚州的萨克拉曼多。

美国各州也能使用自己的权力来划定区域作为先进能源项目的场地。[39]重要的例子有能源改进区（energy improvement districts，EIDs），它基于商业改善区的模型（business improvement district，BIDs）。和商业改善区一样，能源改善区（也被称为"社区能源伙伴关系"）由多个参与者组成法人实体。然而，商业改善区虽然参与了美学和基础设施方面的改进，而能源改善区为自己的本地能源发电资源提供融资服务和管理——发行债券，并安装私人所有的输送线路，以服务于它们的成员。2007年，美国康涅狄格州通过了能源改善区授权立法，允许使用分散式系统和热电联产。[40]

另一种适用的政策机制目前在4个州立法，是社区供电集成选择（Community Choice Aggregation，CCA），它允许创建有限的服务领域——即客户类别，甚至可能包括城市和县的集合——能自己生产可再生能源，但通过传统方式输送。[41]

康涅狄格州清洁能源融资和投资管理局（CEFIA）是全美第一个清洁能源融资局，也是一个重要的公私合营模式，有能力支持跨部门基础设施项目。康涅狄格州清洁能源融资和投资管理局由2009年通过的《美国复苏与再投资法案》获得125万美元的拨款，于2011年7月成立了这个旨在通过利用公共和私人基金扩大州内可再生能源和清洁能源的准公共投资实体。[42]通过创新的融资工具、对电费的附加费和私人投资，CEFIA支持新技术的开发，并协助项目融资。作为一个项目，它减少了对财政拨款、回扣等的依赖。这样的模式可以用来支持在本书中研究的基础设施生态学类型，比如用于能源生产的厌氧消化池，以及热电联产系统。

最重要的是，其他州可以利用CEFIA模式与基础设施银行、州周转基金或其他现有的拨款项目相结合，以利用更大规模的资本投资。[43]考虑到联邦清洁能源政策和项目现在正处于一种控制模式下，或者正在积极削减开支，CEFIA模式是解决资金缺口的一个有用方法，尤其考虑到州政府和地方政府预算的诸多限制。

地方政府想要取得进展，可以通过并网的可再生能源系统，保障低碳地区的能源供应。在明尼苏达州，圣保罗市区域能源局作为非营利机构，创建于1983年，作为一个示范项目以满足市中心商业社区的需要。今天运营了一个1.2MW（热当量）的系统，为185栋建筑供暖，以及为100栋建筑制冷。该机构经营着一家从当地取材的生物质燃料热电联产厂，2011年又增加了美国最大的太阳能热水系统之一。[44]

尽管我们取得了一定的进展，但是低碳或无碳发电仍然面临着不公平的竞争环境。解决这种不公平的一种方法是要求在形式成本分析时，反映低碳或无碳发电的许多好处。一般来说，分散式发电减少了外部影响，例如，减少了传输损耗，降低了对昂贵和更"脏"的高峰负荷发电的需求（通常会在最后让较老的工厂上线以达到峰值）。针对基础设施计划更具创新性和综合性的评估政策将使这些收益货币化，显示低碳和无碳能源更低的成本，从而帮助打破市场壁垒。

促进水务基础设施的软路径协同效应

水资源的收集、存储、处理和使用的软路径方法具有分散、非结构、综合机制等特点，这些机制可以增强集中的雨洪和废水处理设施，甚至可以减少扩建需求。此类项目向我们展示了持续较低的初期成本和维护成本，同时提高了适应力，提供了生态修复，并大量的公民福利。最后，软路径基础设施能可以与森林、湿地、公园、休闲区和风景名区毗邻而居。

鉴于它们诸多的优势，软路径项目很可能成为地方基础设施投资的关键。然而，考虑到对硬路径、工业时代方法的根深蒂固的偏好，这种转变需要克服诸多障碍：涉及水务的各机构往往被官僚壁垒分隔开；适用的准则和规则往往是碎片化的；[45]水务相关项目的融资和规定又是彼此隔断的；在工程领域存在一种反对去中心化的偏见；最后，公众通常意识不到软路径解决方案的特点和积极的潜力。

在美国环保总局提供的联邦拨款的帮助下，各地方政府建设、运营和维护了全国大约95%的水资源基础设施网络。[46]在2012财年，美国环保总局为州清洁水周转基金（CWSRF：Clean Water State Revolving Fund）项目拨款15亿美元，并且为州饮用水周转基金（Drinking Water State Revolving Fund）拨款9亿1800万美元。[47]然而，该项资金的大部分已经被用作硬路径基础设施工程。国家层面上致力于软路径方法——通过补贴、贷款担保和其他机制，如强制性的生命周期和外部成本—收益分析——将有助于扭转这种偏见。比如纽约州北部的集水区保护项目中使用的软路径方法，与其说是一个例外情况，不如说是一种规律，那么地方政府就可以避免在硬路径水过滤处理方面的进一步投资。

第4章中探讨的大部分软路径革新方法都克服了规章制度的障碍，通过市民倡导和地方政府管理层的共同努力，从各种渠道筹集资金。但是最终，如果没有联邦政府的指导和帮助——包括资助和制定模式守则，允许跨部门的整合，并促进使用替代和分散式技术，那么在市一级的软路径创新面临的障碍是无法克服的。[48]联邦政府可以在其补贴项目中，如美国环保总局的州清洁水周转基金，以及通过美国农业部、住房和城市发展部管理的其他与水务相关的补贴项目中使用财政刺激手段，从而加强对地方政府软路径方法的支持。[49]例如在2009年根据美国环保总局的州清洁水周转基金，《美国复苏与再投资法案》基金中有8亿美元被预留给绿色项目储备基金，用以支持50多个项目，这些项目包括了分散的污水处理系统。[50]

2012年5月，美国参议院通过了《2012年水保护和再投资法案》（HR6249）。在交通基础设施融资创新局（TIFIA）的基础上，《2012年水保护和再投资法案》是一个赤字中性的项目，它将依赖于对小额水费的评估以降低利率，从而补充州周转基金贷款。符合条件的软路径项目将包括社区供水系统；保护地下水和地表水资源；实践节水、节能和可再生发电技术；以及污水和雨洪再利用和控制。在本书撰写之际，正值该议案被提交众议院附属委员会审议。[51]

建设软路径方法的制度能力将需要州和地方法规作出改变。例如，规划、分区和建筑规范等方面的变化可以被设计用来支持将自然水文功能纳入土地使用。这些工具还可以促进将水利基础设施与能源、交通或垃圾处理基础设施相结合的项目，或促进能源与水利基础设施之间（例如从污水的有机废物中回收热量和能量）的资源共享（级联）。一个更统一的许可制度将克服阻碍整合的官僚机构。[52]有联邦研究成果的协助，并通过"社区污水分散处理国家级示范项目"等项目的资助，[53]美国各个州和地方政府最终可能会制定出更多的基于能效和基于环境的准则，而不是对过滤、雨洪和生活污水处理的规定性要求。[54]

地方选举和任命的官员可以发起资产改良项目中跨部门和多方利益相关者的协调，以便使水利基础设施方面的投资可以与其他部门的投资相结合，从而最大限度地提高公共利益和提升土地价值。为了支持在资本规划层面将生态系统的强化纳入基础设施项目，规划和预算政策可在设计时将生态系统相关的优势货币化，例如恢复环境和公共卫生、创造就业和风景价值的提升和改善。许多联邦赞助的拨款、贷款和其他支付计划已经将此类优势量化呈现。[55]

有迹象表明上述一些改进可能很快就会出现。在水环境联合会（Water Environment Federation）2013年出版的《未来的水资源设施：一个行动的蓝图》中，水利行业领导人预见到水设施成为"宝贵资源的经营者，地方经济发展的合作伙伴和集水区社区的成员，为了用最小的社会成本取得最大的环境效益……通过回收和再利用水，提取营养物和其他成分并开发商业用途，收集生物固体（污水污泥）和液体中的废热和潜在能源，利用土地和其他平行资产生产可再生能源，并利用绿色基础设施来管理雨洪……在更广泛的层面上改善城市生活。"[56]

谨慎的进行社区友好型设施选址

在少数民族和低收入地区，越来越精明的公众对地方上排斥的土地用途（locally unwanted land uses，LULUs）的遗留物敏感，需要适应基础设施资产选址可能带来的环境、健康和财产风险。新一代基础设施的开发商将需要授权当地的利益相关方，建立公众的信任，解决公平共享的问题，并向设施所在社区承担起特殊的责任。此外，开发商还必须消除负面影响，保持社区不间断的监督。最后，开发商将能够促进共享使用，并包括附带收益。综合起来，这些措施将有助于确保基础设施资产能助益它们所服务的社区和地区，并真正将二者联系起来。

基础设施选址方面，最重要的挑战是解决局地承担的风险危害与受益的更广地区之间的差异，无论这些风险危害是真实存在的还是想象出来的。公平的选址过程实现分配公平——在负担和利益之间实现平衡。[57]从实践角度来看，分配公正意味着风险、责任和回报的平衡，为设施所在社区带来的优势大于劣势。

加拿大采取了一种革新式的"开放选址"政策，应对"地方上排斥的土地用途"的项目选址。这种政策依赖的是志愿系统：政府或公用设施的发起人广泛接触基础设施可能选址的社区，详细阐释经济发展机遇并概述环境和公共安全标准。这些社区接下来接受邀请，提供场地供评估；如果被选中，社区也保留退出权。一旦选定了场地，发起人就会举行公开投票，以获得社区的设计意见，并确保社区的参与。社区代表包括在项目管理者当中，也参与到环境监测中。设施所在社区通常能获得的好处是承诺雇佣本地工人，并致力于劳动力多样化的实践。[58]

社区福利协议（Community Benefits Agreements，CBAs）是另一个有用的政策选择。该协议于20世纪90年代后期制定，是由公民社会团体和公众代表或私人利益集团谈判达成的具有法律约束力的协议，以换取地方接受重大的公共或私人开发的项目。在协议谈判之前，公众参与选址的评估，优先考虑本地关注的问题。除了同意采用最好的可用技术进行缓解之外，开发商还提供了补偿一揽子计划，其中包括一些福利计划，旨在抵消任何微小残留影响。[59]补偿计划可能包括财产价值担保、当地就业选择、改善住房和娱乐或文化设施。监控条款也包括在内。社区福利协议的不利之处在于，它们依赖于社区组织和强有力的领导，而这二者都不可能永远存在。此外，法律服务对于一个社区来说可能过于昂贵。最后，社区福利协议的有效性还没有在法庭上得到充分的测试。[60]

本书第5章"为基础设施正名"，叙述一系列基础设施项目：包括了娱乐、教育和社区设施等创新功能。这样的辅助功能在某些情况下可以促进社区对项目的接受度，在其他情况下也代表了谈判的成果。作为一项政策工具，综合用途和良好的设计可以帮助洗清原本与某个基础设施相关联的污名。

另一个新兴的实践是"大同联盟"，它是一种自我管理模式，由多个利益相关方的代表自愿地聚集在一起，解决复杂的问题。[61]因为大同联盟的控制是分散式的，并非由哪一个群体或部门主导；相反，群体功能的发挥要基于一套组织原则，包括多元化、适应性以及通过积极的利益协调来实现短期目标和长期目标的融合。整个过程的特点是开放的沟通和协商的决策——这两者都是为了优化整体，而不仅仅是部分。大同联盟因此是开发复杂后工业时代基础设施项目的恰当模式。玻利维亚—巴西天然气管道（第5章）就是一个"大同联盟"的范例；然而，同一个术语也可以应用于本书中探讨的其他协同项目：瑞典哈默比湖城（第2章），洛兰岛社区检测设施公司合作关系以及矿井水项目（两个都是第3章中的案例）。

总体而言，像社区福利协议这样的政策工具，或促进信任的大同联盟，体现了开放性和透明度，限制了利益相关者的风险，确保知情同意，并提供谈判补偿，因此必须成为基础设施投资的新常态。其他工具还有待开发，将需要促进社区更积极的参与，动员跨部门协调能力，并确保将增值的市民功能纳入基础设施综合体中。

适应未来的不确定性

气候不稳定带来的每一个危害——洪水、干旱、极端天气，以及日益频繁和强烈的风暴和沿海的风暴潮——不可避免地超越了各个机构和部门的管辖权界限。此外，基础设施系统的相互依赖也会带来风险：单个系统的脆弱性会引发连锁反应。应对气候变化的适应措施需要整体的方法。

虽然规划和实施必须保持本地化，但是这样的努力必须在高阶政策框架内进行：一套连贯的联邦规划目标，旨在跨越各级政府间工作。在跨部门气候变化适应工作小组和总统环境质量委员会的授权下，已经要求各个联邦部门准备适应计划，这些计划可以作为州和地方政府的模板。跨管辖权的一致性可以营造稳定和可预测的财政环境，有利于对缓解和适应气候变化措施等方面进行投资。

尽管可能会有一些自发的设计项目开始解决适应性问题，[62]但在国家标准和规范方面还是需要联邦政府领导，以建设和运营关键基础设施。由于这些都是基于历史气候数据的基础上制定的，因此它们的变化是迟缓的，而且必须利用最新的气候模型来更新。[63]应该建立国家层面的气候服务系统以解决气候变化影响；在其他活动之中，这样的服务将为高风险地区提供特定地理位置的信息。[64]例如加拿大正在使用一个资产管理框架来更新有关积雪、永久冻土层和排水系统的标准。[65]

然而，即便是缺乏联邦政府的指导，也已经开展了一些重大的规划工作。自从21世纪初期以来，超过一百个州、市和县级政府已经制定了气候适应性计划——要么是全面的，要么是专注于单一部门。这些计划的特点是采取短期和长期的适应性战略以应对干旱、城市水资源管理、自然灾害、公共卫生、日益升高的海平面以及其他受气候变化影响的地区。[66]然而，为了与构成本书框架的五大原则保持一致，各州和地方政府决策时应该推广适应性策略的综合规划，并从跨部门事务中获利。

各州能够使用融资政策来指导基础设施的公私所有者，将气候适应性应纳入其资本资产规划框架。除了解决成本问题之外，这些框架还应该包含详细的资产清单，包括组件寿命、维护和更换周期。将气候适应性纳入资本计划，将使设施升级整合到一个正在进行的、经过仔细考虑的过程中。应该优先考虑具有成本效益的非结构性解决方案，如改善维修养护和新的操作规程。

各州和地方政府的决策者必须采用整体方法进行投资——通过在公私合营谈判过程中下达机构指示，以及通过确立获得周转资金、拨款和贷款的标准。项目应该鼓励采取"无悔"措施的适应性措施，以及对于纳税人的低成本甚至无成本的策略。正如在第6章和第7章中指出的，即使长期的气候保护永远不会经过测试，"无悔"措施也会带来短期的额外利益。诸如此类的例子很多：水库扩建增加供水量的同时使水库能够在大风暴的洪水中起到存蓄系统的作用；绿色基础设施提供城市降温和美化，同时减少碳排放；海堤或防潮堤的结构可以容纳铁路、自行车道或公路；此外，循环水的渗入也构成了防止海水入侵的屏障，同时也扩充了生活用水资源。

具有远见的各州和地方政府官员能通过提出正确的问题、接洽合适的创业伙伴、安排共同发展协议、组织融资、促进社区投入以及获得监管批准等方式，倡导跨部门解决方案。没有项目牵头人，像是加利福尼亚州阿克塔湿地污水处理厂项目、荷兰海尔伦市政府的矿井水区域供暖项目、法国里尔的沼气燃料项目以及亚利桑那州凤凰城的垃圾转运站/回收中心等项目根本不可能实现。

然而，为了制定综合解决方案，决策者必须愈发依赖设计部门的技巧。最能提供大胆、创新的方案的团队将包括建筑师、规划师和景观设计师；公共卫生专家；民用、结构、机械和电气工程师；生态学家和水文学家，以及其他一些附属专业的成员。设计服务的采购标准（包括设计—建造—运营的长期合同）应该（1）要求广泛的专业合作和设计合作，（2）需要整体解决方案，以实现社会、经济和环境等方面的有益成果。

能源、水、垃圾处理和交通方面的基础设施资产长期以来一直都是工程专家的职责范围。然而，通过结合建筑师、景观设计师和规划师惯有的广泛的综合思维模式，基础设施开发商可以产生增值的结果。这些设计专业人士可能更倾向于感知潜在的规模经济，欣赏场地文脉，并对模式和空间关系敏感，所有这些都能带来资源交换的机会。设计师也要学习如何制定综合性的、复杂的问题解决方案，利用概念框架来整合形式和功能。他们尤其擅长将便利设施和公共基础设施结合起来，在不同寻常的地方加入公共空间、教育场所或娱乐设施。最后，设计师们大胆寻找机会设计"不协调的并列"：日本广岛中区垃圾焚烧发电厂的垃圾博物馆，阿玛格尔岛贝克的白雪覆盖的垃圾焚烧发电厂兼滑雪场，以及阿克塔的野生动物沼泽地和污水处理都是典型的例子。

综合的、跨学科的设计实践超越了现代主义范式的各自孤立的习惯。它更倾向于基于系统的协作方法，能够利用跨部门的资源。下面介绍的两个不同寻常的设计方案强调了这一点。为了打造阿古瓦水上剧场（Teatro del Agua）—— 一个室外艺术表演场所兼海水淡化厂（位于西班牙加那利群岛拉斯帕尔马斯废弃的工业港口区），工程师查理·帕顿（海水温室的创造者）以及格雷姆肖建筑事务所（艾瑟尔堡大桥和克罗顿水过滤处理厂的设计师团队）联手设计。他们利用海水温室进行海

图8-1　阿古瓦水上剧场（太阳能海水淡化厂和圆形露天剧场）效果图，西班牙加那利群岛特内里费（格雷姆肖建筑事务所版权所有）

水淡化的设计进行扩大和改造，是为了拦截场地盛行的带着海水的海风。捕捉到的空气通过太阳能加热的蒸发器进行处理，然后穿过深长的、海水冷却的管道，让淡水凝结。这个巨大的蒸发器和冷凝器单元网格就像鱼鳞一样排列在一个高高的拱形的支架上。这个引人注目的结构作为背景，映衬着新建的表演艺术场所这个漂亮的户外公共空间（图8-1）。

第二个例子——现在尚未实施，但是却已经引发了有关适应性措施的宝贵辩论——建立在从荷兰获得的一系列启发基础之上。一批建筑师、景观设计师以及工程师们比2012年飓风艾琳和飓风桑迪带来的风暴潮提前五年行动，他们在由美国建筑师学会的院士学院（The College of Fellows of the American Institute of Architect）颁发的2007年度乐卓博奖金（Latrobe Prize）资助下，提前设想了海岸保护的替代措施，可以在整个纽约港部署——特别是各种多功能的软路径适应性措施——包括湿地公园、生蚝养殖场和其他干预性措施，旨在加固海岸线，吸收风暴潮的能量（图8-2）。这些理念在2010年纽约现代艺术博物馆举办的名为"不断上涨的海潮"的展览中得到进一步发展。艺术馆馆长在致辞中谈到，此次展览成功的"促进了辩论，提高了对气候变化和海平面上涨等问题的认识，并且可能最重要的一点是，提高在应对气候变化问题时设计的作用。"[67]

工业时代基础设施遗留至今的——单一用途的独立设施，以及"非补偿的"或单向的流动——必须更多地转向后工业化解决方案，即遵循与生态系统特征一致的多维的、闭环的交换模式。最近几十年以来，城市规划已经脱离了现代主义模式，在这种模式下，根据分区隔开不同的活动，依据用途而单独建造设施。为了与这一趋势保持一致，公共工程难道不应该开始重新连接网络，并利用能源、水务、垃圾处理和其他服务整合为一体的好处吗？创新的功能混搭，多功能的复合设施，在适应当地环境的同时，放弃碳基燃料，复制自然系统，对公众开放，能针对未来气候变化未雨绸缪，这才是未来的发展方向。美国对于基础设施的需求大到惊人，且十分复杂紧迫。最终，如果我们想要重新获得经济稳定和繁荣，如果我们想要保持国家的创造力和竞争力，我们将需要展示出整体思维和综合行动力。

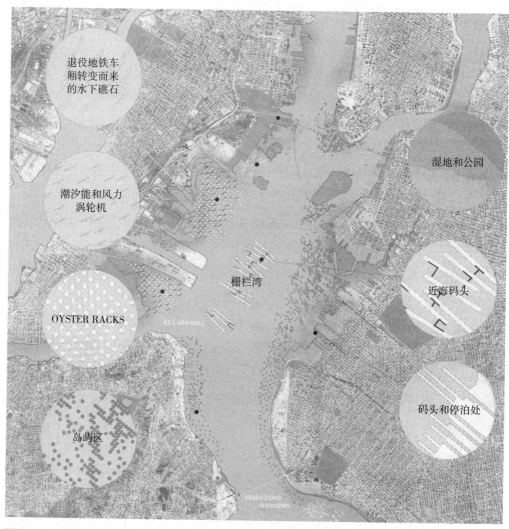

图8-2 在上纽约港栅栏湾拟建的"软路径设施"，选自2010年Hatje Cantz Verlag出版社的《在水上：栅栏湾》（居依·诺丁森结构设计公司，凯瑟琳·赛维特设计室以及建筑研究工作室版权所有）

注　释

Chapter 1

1.　National Transportation Safety Board, "Collapse of I-35W Highway Bridge / Minneapolis, Minnesota / August 1, 2007" (accident report, National Transportation Safety Board NTSB/ HAR-08/03, Washington, DC, 2008), xiii, www.dot.state.mn.us/i35wbridge/ntsb/ finalreport.pdf (accessed May 12, 2013).

2.　Ibid., 22.

3.　Ibid., 157.

4.　Paul Hawken, Amory Lovins, and L. Hunter Lovins, *Natural Capitalism: Creating the Next Industrial Revolution* (Boston: Little, Brown and Company, 1999).

5.　Felix Rohatyn, *Bold Endeavors: How Our Government Built America, and Why It Must Rebuild Now* (New York: Simon & Schuster, 2009).

6.　The $3.6-trillion figure largely reflects a replacement-in-kind approach, a concept critiqued herein. See: American Society of Civil Engineers, "Report Card for America's Infrastructure," 2009 and 2013 (Reston, VA: ACSE, 2009), www. infrastructurereportcard.org/a/#p/ overview/executive-summary (accessed May 11, 2013).

7.　Keith Miller, Kristina Costa, and Donna Cooper, "Infographic: Drinking Water and Wastewater by the Numbers," Center for American Progress, October 11, 2012, www. americanprogress.org/issues/economy/ news/2012/10/11/41256/infographic-drinking-water-and-u.swastewater-by-the-numbers/ (accessed June 13, 2012).

8.　ASCE, "2013 Report Card for America's Infrastructure," 2, www.infrastructure reportcard.org/a/#p/drinking-water/ investment-and-funding (accessed May 4, 2013).

9.　ASCE, "2009 Report Card for America's Infrastructure," https://apps.asce.org/ reportcard/2009/grades.cfm 58.

10.　ASCE, "2013 Report Card for America's Infrastructure," www.infrastructure reportcard.org/a/#p/wastewater/ conditions-and-capacity.

11.　ASCE, "2013 Report Card for America's Infrastructure," www.infrastructure reportcard.org/a/#p/energy/conditions-and-capacity.

12.　The Brattle Group, "Transforming America's Power Industry: The Investment Challenge 2010–2030" (2008), www. brattle.com/_documents/upload library/upload725.pdf (accessed February 12, 2013).

13.　Center for American Progress analysis of FHWA data reported in: Federal Highway Administration, *2008 Status of the Nation's Highways, Bridges, and Transit.* Estimates are in 2006 dollars.

14. ASCE, "2013 Infrastructure Report Card," www.infrastructurereportcard.org/a/#p/bridges/conditions-and-capacity.

15. Last updated in 2001. See: US General Accounting Office (now Government Accountability Office), "U.S. Infrastructure: Funding Trends and Federal Agencies' Investment Estimates," GAO-01-986T (testimony before the Subcommittee on Transportation and Infrastructure, Committee on Environment and Public Works, US Senate, Washington, DC, July 2001).

16. Benjamin Tal, "Capitalizing on the Upcoming Infrastructure Stimulus," CIBC World Markets Inc., Occasional Report #66, January 26, 2009, http://research.cibcwm.com/economic_public/download/occrept66.pdf (accessed July 12, 2012).

17. Urban Land Institute and Ernst & Young, "Infrastructure 2009: A Global Perspective" (Washington, DC: Urban Land Institute, 2009), 15. The discrepancy between US and EU infrastructure spending can be partly explained by the EU's tradition of tax-based public spending, which leverages private-sector capacity to build highways, schools, waterworks, and other civil structures.

18. Peter Baker and John Schwartz, "Obama Pushes Plan to Build Roads and Bridges," *New York Times*, March 29, 2013.

19. Ecosystem services have been divided into: provisioning services such as food, fuel, and fiberwood products; regulating services such as climate regulation, disease regulation, and pollination; and cultural services such as education, recreation, and tourism.

20. Steven M. Rinaldi, James P. Peerenboom, and Terrence K. Kelly, "Critical Infrastructure Interdependencies," *IEEE Control Systems*, December 2010, 13.

21. Ibid., 14.

22. Paul N. Edwards, "Infrastructure and Modernity: Force, Time, and Social Organization in the History of Sociotechnical Systems," in *Modernity and Technology*, ed. Thomas J. Misa, Philip Brey, and Andrew Feenberg (Cambridge: MIT Press, 2003), 193.

23. David Holmgren, *Permaculture Principles and Pathways Beyond Sustainability* (Holmgren Design Services, 2002), 165.

24. Teresa Domenech and Michael Davies, "Structure and Morphology of Industrial Symbiosis Networks: The Case of Kalundborg," *Procedia Social and Behavioral Sciences* 10 (2011): 79–89.

25. Rinaldi et al., 11.

26. T. D. O'Rourke, "Critical Infrastructure, Interdependencies, and Resilience," *The Bridge—National Academy of Engineering*, no. 1 (Spring, 2007): 23.

27. "Drought Blamed for Blackout in Ecuador," *Latin American Herald Tribune*, November 19, 2009, www.laht.com/article.asp?ArticleId=347191&CategoryId=14089 (accessed February 13, 2011).

28. Melissa Bailey and Paul Bass, "You Can Drink the Water," *New Haven Independent*, July 7, 2010, www.newhavenindependent.org/index.php/archives/entry/dirty_water_alert/ (accessed February 14, 2011).

29. US Energy Information Administration, "Energy in Brief, 2011," www.eia.gov/energy_in_brief/article/major_energy_sources_and_users.cfm (accessed February 13, 2011).

30. US Energy Information Administration, "U.S. Energy-Related Carbon Dioxide Emissions, 2011," www.eia.gov/environment/emissions/carbon/ (accessed February 13, 2011).

31. World Wide Fund for Nature (WWF) and Booz & Company, "Reinventing the City: Three Prerequisites for Greening Urban Infrastructures," 2010, 1, http://awsassets.panda.org/downloads/wwf_low_carbon_cities_final_2012.pdf (accessed March, 10, 2011).

32. Ibid.

33. Holmgren, 156.

Chapter 2

1. "SMART (Stormwater Management and Road Tunnel), Kuala Lumpur, Malaysia," *Road Traffic-Technology*, www.roadtraffic-technology.com/projects/smart/ (accessed January 12, 2013).

2. United Nations Development Programme, "Kuala Lumpur, Malaysia, Case Study (Mixed Use Tunnel)," November 2012, www.esc-pau.fr/ppp/documents/featured_projects/malaysia_kuala_lumpur.pdf (accessed January 11, 2013).

3. Ibid., 28.

4. Gusztav Kados and Yeoh Hin Kok, "Stormwater Management and Road Tunnel (SMART)," in *Underground Space—The 4th Dimension of Metropolises,* ed. Jiri Barkak, Ivan Hrdina, Georgij Romancov, and Jaromir Zlamal (London: Taylor & Francis Group, 2007), 1183.

5. Since 1989 the United Nations Human Settlements Programme has been acknowledging "initiatives which have made outstanding contributions in various fields such as shelter provision, highlighting the plight of the homeless, leadership in post-conflict reconstruction, and developing and improving the human settlements and the quality of urban life." See: UN-Habitat, "UN-Habitat Announces Scroll of Honour Call for Applications," July 17, 2012, www.unhabitat.org.

6. The plant is described in greater detail in chapter 5.

7. In New York City, street cuts, or trenching to access utilities in a typical right-of-way, average 12 times annually. By increasing the number of players, utility deregulation has only exacerbated the problem. See: American Public Works Association, "Locations of Utilities in Public Rights-of-Way: Examples from Various Cities" (paper presented at Utilities & Public Right-of-Way Committee Summit, Atlanta, GA, February 29, 2000).

8. Arthur R. McDonald, "Success in the Trenches," *Transmission and Distribution World*, December 2001, http://tdworld.com/mag/power_success_trenches/ (accessed September 20, 2010).

9. Sandy Mitchell, "Prince Charles Is Not Your Typical Radical," *National Geographic*, May 2006, http://ngm.nationalgeographic.com/features/world/europe/england/cornwall-text/1 (accessed September 20, 2010).

10. "State-of-the-Art Infrastructure in Place at Marina Bay" (press release, Urban Redevelopment Authority of Singapore June 16, 2006), www.ura.gov.sg/pr/text/pr06-40.html (accessed February 2, 2011).

11. Solarius.com, "Disney's Magic Kingdom Utilidors Map," November 2007, www.solarius.com/dvp/wdw/mk-tunnels-large.htm.

12. Taipei Municipal Rapid Transit Newsletter No. 247 (interim report, January 2008; Web version 105, March 2012).

13. Thomas Nordmann and Luzi Clavadetscher, "PV on Noise Barriers," *Progress in Photovoltaics: Research and Applications* 12, no. 6 (September 2004): 494–95.

14. FAR Systems, "Noise Barriers with Photovoltaic Panels: Energy That Makes No Noise," Barriera A22 (installation description), www.barrierafotovoltaica.it/index.php/en/-barriera-a22 (accessed February 11, 2011).

15. Ibid., 128.

16. H. K. V. Lotsch, Adolf Goetzberger, and Volker U. Hoffman, *Photovoltaic Solar Energy Generation* (Springer Series in Optical Sciences, vol. 112, 2005), 127.

17. The World Bank, "Jamuna Bridge—A Boost for Bangladesh's Economy," World Bank—Transport in South Asia, http://go.worldbank.org/I4JRJD65V0 (accessed September 24, 2010).

18. Construction of the 4.8 km-long bridge was supported by the World Bank together with the Asian Development Bank, Japan's OECF, and the government of Bangladesh and, according to the World Bank, includes measures to mitigate the project's environmental impacts, including resettlement, compensation of project-affected persons, fisheries, and wildlife, and environmental monitoring. See: www.worldbank.org/projects/P009509/jamuna-bridge?lang=en.

19. "Forecasting Wind Data from Cell Phone Towers," *Alternative Energy News*, November 30, 2010, www.alternative-energy-news.info/forecast-wind-data-cell-phone-towers (accessed April 21, 2011). See also: www.onsemble.ws/.

20. H. Koch, G. Ottenhenning, and E. Zochling, "Improving the Physical Security and Availability of Substations by Using New Switchgear Concepts" (paper presented at Power Engineering Society General Meeting, IEEE, vol. 2, June 12–16, 2005), 1145, 1148, doi: 10.1109/PES.2005.1489265.

21. Jafar Taghavi and Keith Tieszen. "Anaheim Park's Substation Hidden Within." *Transmission and Distribution World* (Penton Business Media, April 2007), www.anaheim.net/utilities/IMAGES/ParkSubinTDWorld.pdf (accessed July 12, 2012).

22. Ward Pincus, "GIS Substations That Embellish, Not Blemish the Urban Streetscape," *Living Energy* (Siemens publication, no. 1, November 2009), 55, www.energy.siemens.com/us/pool/hq/energy-topics/livingenergy/downloads/Social_acceptance_substations_that_embelish.pdf (accessed January 2011).

23. Ibid., 56.

24. Hope Cohen, "The Neighborly Substation: Electricity, Zoning, and Urban Design" (white paper, Manhattan Institute, Center for Rethinking Development, December 2008), 12, www.policyarchive.org/handle/10207/bitstreams/14677.pdf (accessed February 6, 2011).

25. Cohen, 17.

26. Taghavi and Tieszen.

27. Sustainable Energy Australia (SEA), "Wind Farm Basics," May 2004, www.synergy-wind.com/BP1_Basics.pdf.

28. Matthew Brower, "Agricultural Impacts Resulting from Wind Farm Construction," New York State Department of Agriculture and Markets for NYSERDA, 2005.

29. Windustry, "Minwind III–IX, Luverne, MN: Community Wind Project," www.windustry.org/minwind-iii-ix-luverne-mn-community-wind-project (accessed February 20, 2011).

30. Alinta Energy, "Alinta Wind Farm Fact Sheet," www.docstoc.com/docs/5317344/Alinta-Wind-Farm-fact-sheet-The-Alinta-Wind-Farm (accessed February 2, 2011).

31. Sustainable Energy Australia (SEA), "The Compatability of Wind Farming with Traditional Farming in Australia," May 2004, 6–8, http://www.w-wind.com.au/downloads/CBP9_Traditional.pdf (accessed March 1, 2012).

32. Alexandre Filgueiras and Thelma Maria V. e Silva, "Wind Energy in Brazil—Present and Future," *Renewable & Sustainable Energy Reviews* 7, no. 5 (October 2003): 439–51.

33. Offshore-Wind Energie, "Wind Farms," Germany's Federal Ministry for the Environment, Nature Conservation, and Nuclear Safety, www.offshore-windenergie.net/en/wind-farms (accessed November 24, 2013).

34. Alfred Wegener Institute for Polar and Marine Research, "Marine Aquaculture, Maritime Technologies and ICZM," www.awi.de/en/go/aquaculture (accessed March 3, 2012).

35. T. Michler-Cieluch, G. Krause, and B. H. Buck, "Reflections on Integrating Operation and Maintenance Activities of Offshore Wind Farms and Mariculture," *Ocean & Coastal Management* 52, no. 1 (January 2009).

36. Shari Blalock, "Purafil ESD Eliminates Wastewater Odors in Barcelona, Spain," *Journal AWWA* 99, no. 9 (September 2007): 108–10.

37. Dennis Rondinelli and Michael Berry, "Multimodal Transportation, Logistics, and the Environment," *European Management Journal* 18, no. 4 (2000): 398–410.

38. Ibid.

39. US Department of Transportation, National Commission on Intermodal Transportation, *Toward a National Intermodal Transportation System—Final Report* (Washington, DC: USDOT, September 1994), http://ntl.bts.gov/DOCS/325TAN.html.

40. City of Raleigh, NC, "Union Station: Raleigh's Multimodal Transit Center," www.raleighnc.gov/projects/content/PlanUrbanDesign/Articles/Union Station.html (accessed November 20, 2013). See also: North Carolina Department of Transportation website, www.ncdot.gov/projects/raleighunion station/.

41. Congresswoman Nancy Pelosi at the August 10, 2010, ground-breaking ceremony for San Francisco Intermodal Transportation Facility, http://abclocal.go.com/kgo/story?section=news/local/san_francisco&id=7604826 (accessed August 14, 2010).

42. Ibid.

43. Transbay Transit Center, "Economic Benefits," http://transbaycenter.org/project/transit-center/economic-benefits (accessed December 31, 2010). See also: San Francisco Redevelopment Agency, "Redevelopment Plan for the Transbay Project Redevelopment Area," Ordinance No. 124-05, June 21, 2005, and Ordinance No. 99-06, May 9, 2006.

44. *Intermodal Surface Transportation Efficiency Act of 1991*, HR 2950, 102nd Congress, 1st session (Washington DC: January 3, 1991).

45. San Francisco Redevelopment Agency, "Redevelopment Plan for the Transbay Redevelopment Project Area," adopted June 21, 2005. See: www.sfredevelopment.org/index.aspx?page=54.

46. See: Transbay Transit Center website, http://transbaycenter.org/.

47. The TJPA was created in 2001 by the City and County of San Fancisco, the Alameda–Contra Costa County Transit District and the Peninsula Corridor Joint Powers Board.

48. Data centers are estimated to represent 1 percent or more of world energy use. See: Tarmo Virki, "Cloud Computing Goes Green Underground in Finland," Reuters, November 29, 2009, www.reuters.com/article/2009/11/30/idUSGEE5AS01D20091130.

49. Bobbie Johnson, "Web Providers Must Limit Internet's Carbon Footprint, Say Experts," *Guardian*, May 3, 2009, www.guardian.co.uk/technology/2009/may/03/internet-carbon-footprint.

50. US Environmental Protection Agency, ENERGY STAR Program, *Report to Congress on Server and Data Center Energy Efficiency*, EPA response to Public Law 109-431, August 2007.

51. Cavern Technologies, "Green Solutions," www.caverntechnologies.com/why-cavern/green-solutions.

52. Jeffrey Burt, "HP Touts 4 Green Data Centers," *eWeek*, October 14, 2009. www.eweek.com/c/a/Green-IT/HP-Touts-Four-Green-Data-Centers-426947/1/ (accessed October 2, 2010).

53. Juha Sipilä, Helsingin Energia, "The World's Most Eco-Efficient Data Center" (presentation for Uptime Institute Symposium, New York, May 2010), www.helen.fi/pdf/Uptime_Institute_presentation.pdf, accessed October 2, 2010.

54. Ratnesh Sharma et al., "Design of Farm Waste-Driven Supply Side Infrastructure," Hewlett-Packard Laboratories (presented at ASME 2010 4th International Conference on Energy Sustainability ES2010, Phoenix, May 17–22, 2010).

55. Robert McMillan, "Microsoft to Power Data Center with Sewage-Sourced Methane," *Wired*, November 20, 2012, www.wired.co.uk/news/archive/2012-11/20/microsoft-powers-data-centre-with-sewage.

56. Wolfgang Unterberger, Hans Hofinger, and Thomas Grünstäudl, "Utilization of Tunnels as Sources of Ground Heat and Cooling—Practical Applications in Austria," iC Group of Companies website, www.ic-group.org/uploads/media/TunnelsGroundHeat_en.pdf (accessed February 11, 2011).

57. A heat pump is a device that warms or cools a building by transferring heat from a relatively low-temperature reservoir to one having a higher temperature.

58. Gaby Ochsenbein, "Alpine Caviar and Papayas Come to Switzerland," *Swissinfo*, January 1, 2009, www.swissinfo.ch/eng/Home/Archive/Alpine_caviar_and_papayas_come_to_Switzerland.html?cid= 7127408 (accessed October 31, 2010).

59. Jonas R. Bylund, "Planning, Projects, Practice: A Human Geography of the Stockholm Local Investment Programme in Hammarby Sjöstad" (doctoral thesis, Stockholm University, 2006), 66.

60. Ibid., 77.

61. Hiroaki Suzuki et al., *Eco2 Cities: Ecological Cities as Economic Cities* (Washington, DC: World Bank Publications, 2010), 185–93.

62. CABE (Commissioner for Architecture and the Built Environment), "Hammarby Sjöstad, Stockholm, Sweden," case study, 2009, http://webarchive.nationalarchives.gov.uk/20110118095356/http:/www.cabe.org.uk/case-studies/hammarby-sjostad (accessed August 22, 2013).

63. The main source of heating in Hammarby Sjöstad is district heating. Thirty-four percent of this heat comes from purified waste water, 47 percent from combustible household waste, and 16 percent from bio fuel (figures refer to 2002).

64. Suzuki et al., 187.

65. Successful measures achieved include annual reductions of: nonrenewable energy use (11,000 MW); CO_2 800 tonnes; NO 1,000 kg (2,204 lbs.); SO_2 2,400 kg (5,291 lbs.); phosphorus discharge to water, 1,500 kg (3.307 lbs.) and to air, 260 kg (573 lbs.).

66. Karolina Brick, "Follow-up of Environmental Impact in Hammarby Sjöstad—Sickla Udde, Sickla Kaj, Lugnet, and Proppen" (report summary, Grontmij AB, March 2008), www.hammarbysjostad.se/inenglish/pdf/Grontmij%20Report%20eng.pdf (accessed January 4, 2011).

67. Suzuki et al., 21.

Chapter 3

1. Fred Pearce, "From Ocean to Ozone: Earth's Nine Life-Support Systems—Climate Change," *NewScientist*, February 24, 2010, www.newscientist.com/article/dn18577-earths-nine-lifesupport-systems-climate-change.html.

2. US Department of Energy and US Environmental Protection Agency, *Guide to Purchasing Green Power* (Washington, DC, March 2010), 4, www.epa.gov/greenpower/documents/purchasing_guide_for_web.pdf (accessed April 1, 2012).

3. Ibid., 2.

4. Shaoni Bhattacharya, "European Heat Wave Caused 35,000 Deaths," *NewScientist*, October 10, 2003, www.newscientist.com/article/dn4259-european-heatwave-caused-35000-deaths.html (accessed April 22, 2012).

5. Lisa Song, "Heat Waves Putting Pressure of Nuclear Power's Outmoded Cooling Technologies," *InsideClimate News*, May 4, 2011, http://insideclimatenews.org/news/20110504/nuclear-power-water-climate-change-heat-cooling (accessed February 22, 2012).

6. "Officials Say Sandy Transport Damage in Billions," *WABC Eyewitness News*, December 6, 2012, http://abclocal.go.com/wabc/story?section=news/local/new_york&id=8911130.

7. US Environmental Protection Agency, "Sources of Greenhouse-Gas Emissions," EPA Climate Change, www.epa.gov/climatechange/ghgemissions/sources/electricity.html (accessed September 20, 2012).

8. US Energy Information Administration, "Most States Have Renewable Portfolio Standards," *Today in Energy*, February 3, 2012, www.eia.gov/todayinenergy/detail.cfm?id=4850.

9. Union of Concerned Scientists, "The Promise of Biomass: Clean Power and Fuel—If Handled Right," September 2012, www.ucsusa.org/assets/documents/clean_vehicles/Biomass-Resource-Assessment.pdf (accessed June 2, 2012).

10. Robert D. Perlack, Lynn L. Wright, Anthony F. Turhollow, and Robin L. Graham, "Biomass as Feedstock for a Bioenergy and Bioproducts Industry: The Technical Feasibility of a Billion-Ton Annual Supply" (research project of the US Department of Energy and the US Department of Agriculture, April, 2005), www.eere.energy.gov/biomass/publications.html (accessed April 24, 2011).

11. Union of Concerned Scientists, "How Biomass Energy Works," 2010, www.ucsusa.org/clean_energy/our-energy-choices/renewable-energy/how-biomass-energy-works.html (accessed July 24, 2012).

12. Sibel Korhaliller, "The UK's Biomass Energy Development Path," International Institute for Environment and Development, November 2010, 1.

13. The Mt. Poso Cogeneration Plant is owned and operated by Mt. Poso Cogeneration Company LLC, a 50-50 partnership of DTE energy Services, based in Michigan, and Macpherson Energy Corporation, based in California.

14. Mt. Poso Cogeneration Company website: www.mtposo.com (accessed April 12, 2012).

15. "Macpherson Energy Converts Mt. Poso Cogeneration Plant to Renewable Center," *Oil and Gas Observer*, November 17, 2010, www.oilandgasobserver.com/news/macpherson-energy-converts-mt-poso-cogeneration-plant-to-renewable-center-/000532 (accessed April 12, 2012).

16. Dave Hyams, Senior Vice President, Solem & Associates, Public Relations Manager for Mt. Poso, in conversation with author, April 16, 2012.

17. "Mt. Poso Cogeneration Company Completes Conversion of Power Plant from Coal to 100% Renewable Biofuel Energy," *Business Wire* (press release, February 22, 2012), www.businesswire.com/news/home/20120222006396/en/Mt.-Poso-Cogeneration-Company-Completes-Conversion-Power (accessed July 2, 2012).

18. Ibid.

19. Desmond Smith, "Strategy and Implementation of Biomass Conversion at Mt. Poso," *Biomass Magazine*, January 2010, http://biomassmagazine.com/articles/3380/strategy-and-implementation-of-biomass-conversion-at-mt.-poso (accessed July 2, 2012).

20. Ibid.

21. Nickolas J. Themelis, "An Overview of the Global Waste-to-Energy Industry," *Waste Management World*, review issue, July–August 2003.

22. Amy Quinton, "School to Tap Trash Dump's Methane for Energy," *All Things Considered*, National Public Radio, December 13, 2006.

23. Jody Record, "EcoLine Behind the Scenes," *University of New Hampshire Campus Journal*, October 28, 2009, http://unh.edu/news/campusjournal/2009/Oct/28ecoline.cfm (accessed March 12, 2011).

24. In 2010, Waste Management Inc. currently has more than 110 landfill gas-to-energy facilities nationwide powering 400,000 homes every day and offsetting almost two million tons of coal per year. See: "Landfill Gas to Energy," Waste Management, www.thinkgreen.com/landfill-gas-to-energy (accessed May 28, 2011).

25. With 20 times the global-warming potential of carbon dioxide, methane is considered a pollutant. According first to the Clean Air Act and then the EPA's Resource Conservation and Recovery Act, large landfills must control emissions in at least this minimal manner rather than release them to the atmosphere.

26. US Environmental Protection Agency, "Project Profile—University of New Hampshire EcoLine™ Cogeneration System," US EPA Landfill Methane Outreach Program, 2010, http://epa.gov/lmop/projects-candidates/profiles/universityofnewhampshire.html (accessed July 12, 2012).

27. Ibid.

28. Ibid.

29. Sarah Lozanova and John Laumer, "UNH Taps Local Landfill for Energy," Waste Management: Think Green program, July 1, 2008, http://thinkgreen.com/pointofview/?p=6 (accessed June 26, 2011).

30. Record, "EcoLine."

31. Deborah McDermott, "Landfill Gas Now Powering UNH," May 31, 2009, *Seacoast Online* http://info.nhpr.org/node/24918 (accessed June 16, 2011).

32. Gregory Meighan, "Eco-ceptional: EcoLine Wins EPA Project of the Year," *The New Hampshire*, February 4, 2010, www.tnhonline.com/eco-ceptional-1.1115428#.UaIbl5WTNmA.

33. Lozanova and Laumer, "UNH Taps Local Landfill."

34. US Environmental Protection Agency, "An Overview of Landfill Gas Energy in the United States," Landfill Methane Outreach Program, June 2012, www.epa.gov/lmop/documents/pdfs/overview.pdf (accessed June 21, 2012).

35. Recycling Works!, Sierra Club, and International Brotherhood of Teamsters, "The Danger of Corporate Landfill Gas-to-Energy Schemes and How to Fix It," 2010, www.teamster.org/sites/teamster.org/files/6310GreenhouseGas

Reportrevisedlowres.pdf (accessed May 4, 2012).

36. Toby Sterling, "The Hague Announces Project to Warm 4,000 Houses Using Geothermal Heating," *Environmental News Network*, July 4, 2007.

37. Nuon and Capital Cooling, "Showcase of District Cooling Systems in Europe—Amsterdam," http://old.iea-dhc.org/download/Showcases_District_Cooling_Amsterdam.pdf (accessed March 6, 2013). See also the project write-up as a best-practice reported by the C40 Cities Climate Leadership Group, part of the Clinton Climate Initiative: www.c40cities.org/best practices/energy/amsterdam_cooling. jsp (accessed March 6, 2013).

38. "Seawater to Heat Houses in Duindorp," TheHague.com, August 24, 2009, www.denhaag.nl/en/residents/to/Seawater-to-heat-houses-in-Duindorp.htm.

39. Sterling, "The Hague."

40. Peter Op't Vel and Erwin Roijen, "The Minewater Project Heerlen: Low Exergy Heating and Cooling in Practice," from Maryke Van Staden and Francesco Musco, eds., "Local Governments and Climate Change: Sustainable Energy Planning and Implementation in Small and Medium-Sized Communities," *Advances in Global Change Research* 39, Springer Science+Business Media (2010): 317.

41. Jean Weijers and Erwin Roijen, "The Minewater Project," *Renewable Energy Netherlands 2011*, www.cyclifier.org/project/minewater-project/ (accessed May 1, 2011).

42. "Minewater as a Renewable Energy Resource," Interreg IIIB NWE ENO (2010), 7, http://skrconline.net/content/images/stories/documents/mine_water_renewable_energy_guide.pdf (accessed May 1, 2011).

43. "Minewater as a Renewable Energy Resource," 7.

44. Ibid., 21.

45. Ibid., 18.

46. Andrew Hall, John Ashley Scott, and Helen Shang, "Geothermal Energy Recovery from Underground Mines," *Renewable and Sustainable Energy Reviews* 15 (2011): 917.

47. Peter Op't Veld and Elianne Demollin-Schneiders, "The Mine Water Project Heerlen, the Netherlands: Low Exergy in Practice" (proceedings of Clima 2007 WellBeing Indoors, Helsinki, 2007), 5, www.chri.nl/upload/art.%20mine waterproject.pdf (accessed May 1, 2011).

48. Ibid., 27.

49. "Minewater as a Renewable Energy Resource," 7.

50. Ibid., 18.

51. Hall et al., 923.

52. Georg Wieber and Stefan Pohl, "Mine Water: A Source of Geothermal Energy—Examples from the Rhenish Massif" (proceedings of the International Mine Water Association Symposium, Karlsbad, 2008), 1.

53. George R. Watzlaf and Terry E. Ackman, "Underground Mine Water for Heating and Cooling Using Geothermal Heat Pump Systems," *Mine Water and the Environment* 25 (2006): 10.

54. Trieu Mai et al., "Renewable Electricity Futures Study," National Renewable Energy Laboratory, Golden, CO, 2012, www.nrel.gov/docs/fy13osti/52409-ES.pdf.

55. The firm is perhaps best known for having designed the Olympic Velodrome for London's 2012 summer events.

56. Jörg Schlaich, Rudolf Bergermann, Wolfgang Schiel, and Gerhard Weinrebe, "Design of Commercial Solar Updraft Tower Systems—Utilization of Solar Induced Convective Flows for Power Generation," *Structural Engineering International* 14, no. 3, 1 (August 2004): 23.

57. Ibid.

58. Ibid., 5.

59. Ibid., 6.

60. Ibid.

61. Wolf-Walter Stinnes, "Greentower: Performance Guarantees through Insurance Policies" (proceedings of the Industrial and Commercial Use of Energy Conference, 2004), http://ebookbrowse.com/2004-stinnes-greentower-performance-guarantees-through-insurance-policies-pdf-d193600969.

62. Darius Snieckus, "EnviroMission in Texas Deal," *Recharge News*, May 24, 2013, www.rechargenews.com/solar/americas/article1327682.ece (accessed May 25, 2013).

63. EnviroMission website updated 2013, www.enviromission.com.au/EVM/content/home.html.

64. "1 km Australian Solar Tower Seeking Approval," *Solar Australia*, February 6, 2012, http://solarmagazine.com.au/news/1km_australian_solar_tower_seeking_approval/065934/.

65. Fritz Crotogino, Klause-Uwe Mohmeyer, and Roland Scharf, "Huntorf CAES: More Than 20 Years of Successful Operation" (paper from Compressed Air Energy Storage Meeting, Orlando, March, 2001).

66. Kelsey Higginbotham, "A Natural Way to Store Energy—The Dakota Salts Way," *Today's Energy Solutions*, April/May 2009, 28.

67. "Salt Miner Is Working Up the Numbers for Energy Storage in North Dakota," *Renewable Energy News*, no. 19, February 19, 2009, http://renews.biz/tag/americas/ (accessed March 2, 2011).

68. Eric Wesoff, "Compressed Air Storage Beats Batteries at Grid Scale," GreentechMedia, March 3, 2011, www.greentechmedia.com/articles/read/compressed-air-energy-storage-beats-batteries/ (accessed April 11, 2011).

69. "Gartner Estimates ICT Industry Accounts for 2 Percent of Global CO_2 Emissions," Gartner Inc., Gartner Newsroom press release, April 26, 2007, www.gartner.com/it/page.jsp?id=503867 (accessed July 4, 2012).

70. Carbon dioxide equivalent is a measure used to compare the emissions from various greenhouse gases based upon their global-warming potential. See: Climate Group and the Global e-Sustainability Initiative, "SMART 2020: Enabling the Low-Carbon Economy in the Information Age," 2008, 6, www.smart2020.org/_assets/files/02_Smart2020Report.pdf (accessed March 22, 2011).

71. Google, "Our Carbon Footprint: 2011," *Google Green*, www.google.com/green/bigpicture/#/intro/infographics-1.

72. Rich Miller, "Google Buys Wind Power to Green Oklahoma Grid," *Data Center Knowledge,* April 21, 2011, www.datacenterknowledge.com/archives/2011/04/21/google-buys-wind-power-to-green-oklahoma-grid/ (accessed April 30, 2011).

73. Preetika Rana, "India Carbon Emissions at 'Disturbing' Levels," *Wall Street Journal: India*, December 4, 2012, http://blogs.wsj.com/india realtime/2012/12/04/india-carbon-emissions-at-disturbing-levels/ (accessed October 22, 2011).

74. Mridul Chadha, "Solar Powered Cell-phone Towers in India to Reduce 5 Million Tons CO_2, Save $1.4 Billion Every Year," *Cleantechnica*, March 24, 2010, http://cleantechnica.com/2010/03/24/solar-powered-cellphone-towers-in-india-to-reduce-5-million-tons-co2-emissions-save-1-4-billion-every-year/ (accessed April 22, 2011).

75. Ibid.

76. Katherine Tweed, "Why Cellular Towers in Developing Nations Are Making the Move to Solar Power," *Scientific American*, January 15, 2013, www.scientificamerican.com/article.cfm?id=cellular-towers-moving-to-solar-power.

77. "Indus Towers Launches Pilot Program to Power 2,500 Cell Phone Towers with 'Outsourced' Solar Power Model," *Panchabuta*, February 1, 2011, http://panchabuta.com/2011/02/01/indus-towers-launches-initial-program-to-power-2500-cell-phone-towers-with-outsourced-solar-power-model/ (accessed April 22, 2011).

78. "Solar Power to Be a Must for Mobile Towers," *Times of India*, October 22, 2010, http://articles.timesofindia.indiatimes.com/2010-10-22/computing/28249057_1_solar-power-mobile-towers-cell-towers (accessed April 21, 2011).

79. The exception is in desert wastelands, where immense photovoltaic systems have become more common.

80. "What Floats?" Far Niente Winery Weblog, www.farniente.com (accessed April 12, 2012).

81. "Floating Solar Power Energizes New Jersey American Water Treatment Plant" (press release, American Water Works, October 19, 2011), www.amwater.com (accessed August 3, 2012).

82. Manas Dasgupta, "India's Gujarat State: Tapping Solar Power, Avoid Water Wastage," *Hindu*, March 6, 2003, www.indiaafricaconnect.in/index.php?param=news/4227.

83. Mark Horn, "Plant Profile: Neely Wastewater Reclamation Facility," *Water Environment & Technology* 24, no. 4 (2012): 54–55. (A publication of Water Environment Federation, Alexandria, VA.)

84. Ibid., 3.

85. ICLEI-Europe / Northumbria University, "Lille Metropole, France: Urban-Rural Linkages Fostering Sustainable Development in Europe" (case study, submitted 2008), http://ec.europa.eu/regional_policy/archive/conferences/urban_rural/doc/caselille.pdf (accessed June 24, 2011).

86. Biogasmax, "A European Project for Sustainable Development," www.biogasmax.eu/biogasmax-project-

biogas-and-biofuel/biogas-and-biofuel-for-sustainable-developpement.html (accessed June 03, 2011).

87. Darryl D'Monte, "Lille: City of the Future," *InfoChange India*, August 23, 2010, www.energy-cities.eu/db/lille_113_en.pdf (accessed June 3, 2011).

88. Energie-Cités and Municipality of Lille, France, "Biogas/Biofuel: Lille, France," 1999, www.energy-cities.eu/db/lille_113_en.pdf (accessed June 2, 2011).

89. D'Monte.

90. "Transfer Centre and Organic Recovery Centre" (General Presentation Lille Metropole Communauté Urbaine, 2009), www.biogasmax.eu/media/organic_recovery_centre_lille__085752800_1634_26112009.pdf (accessed June 2, 2011).

91. Ibid.

92. D'Monte.

93. Ibid.

94. Silvia Magnoni and Andrea M. Bassi, "Creating Synergies for Renewable Energy Investments, a Community Success Story from Lolland Denmark," *Energies* (2009): 1155.

95. Ibid., 1153.

96. Ibid., 1154.

97. In the years 2001–2005, annual subsidies have ranged between $340 million and $519 million. See: Magnoni, 1159.

98. Ibid., 1162.

99. Ibid., 1155.

100. Ibid.

101. Ibid.

102. Ibid, 1163.

103. A similarly sophisticated cross-sector networking scheme will be seen in the Svartsengi Resource Park, discussed in chapter 5.

104. Jeffrey Ball, "Tough Love for Renewable Energy: Making Wind and Solar Power Affordable," *Foreign Affairs* 91, no. 3 (May/June 2012): 125–6.

105. M. Maureen Hand, "Renewable Electricity Futures," Utility Variable-Generation Integration Group, Fall Technical Workshop, Omaha, Nebraska, October 24, 2012, NREL/PR-6A20-56834, www.nrel.gov/docs/fy13osti/56834.pdf (accessed June 22, 2010).

Chapter 4

1. Dana F. Gumb Jr., "Staten Island History and Bluebelt Land Acquisitions," *Clear Waters*, vol. 39, New York Water Environment Association Inc., 2009, 22–25, http://urbanomnibus.net/redux/wp-content/uploads/2010/12/Staten-Island-History-and-Bluebelt-Land-Acquisitions.pdf (accessed April 12, 2013).

2. The author prefers the term "soft-path water paradigm" over "green infrastructure"—a much too generalized term. From the term applied by Amory Lovins to energy systems, "soft-path" infrastructure is well defined in: Valerie I. Nelson, "A Soft-Path Paradigm Shift: Federal Policies to Advance Decentralized and Integrated Water Resource Management," Coalition for Alternative Wastewater Treatment of Gloucester, Massachusetts, 2007, http://sustainablewaterforum.org/fed/report.pdf (accessed December 13, 2012).

3. Nelson, Ibid., 20.

4. US Environmental Protection Agency, *Water on Tap: What You Need to Know* (Washington, DC, December 2009), http://water.epa.gov/drink/guide/upload/book_waterontap_full.pdf.

5. Center for Sustainable Systems, University of Michigan, "U.S. Wastewater Treatment Factsheet," Pub No. CSS04-14, 2011, http://css.snre.umich.edu/css_doc/CSS04-14.pdf.

6. US Environmental Protection Agency, *Inventory of U.S. Greenhouse Gas Emissions and Sinks 1990–2009* (Washington, DC, April 15, 2011), www.epa.gov/climatechange/Downloads/ghgemissions/US-GHG-Inventory-2011-Complete_Report.pdf (accessed December 2, 2012).

7. Organization for Economic Cooperation and Development, "Infrastructure to 2030: Telecom, Land Transport, Water and Electricity" (Paris, France, 2006), www.oecd.org/futures/infrastructureto2030/ (accessed December 14, 2012).

8. Valerie I. Nelson, "Soft-Path Integrated Water Resource Management: Training, Research, and Development Needs," National Decentralized Water Resources Capacity Development Project, Washington University, St. Louis, MO, and the Coalition for Alternative Wastewater Treatment, Gloucester, MA, vii, http://ndwrcdp.werf.org/documents/SOFT_PATH_TRDneeds_WEB.pdf (accessed December 14, 2012).

9. US Central Intelligence Agency, "Country Comparison: Roadways," *CIA World Fact Book*, 2008, www.cia.gov/library/publications /the-world-factbook/rankorder/2085rank.html.

10. Lance Frazer, "Paving Paradise: The Peril of Impervious Surfaces," *Environmental Health Perspectives* 113, no. 5 (July 2005): A456–62.

11. *Working landscape* may be defined as a landscape where the production of market goods and the functioning of ecosystem services are mutually reinforcing.

12. Evapotranspiration is the use and evaporation of water by vegetation.

13. Seattle Public Utilities, City of Seattle, "Street Edge Alternatives," www.seattle.gov/util/environmentconservation/projects/drainagesystem/greenstormwaterinfrastructure/completedgsiprojects/streetedgealternatives/ (accessed June 11, 2012).

14. Ibid.

15. Charles McKinney, Chelsea Mauldin, and Deborah Marton, eds., "High Performance Landscape Guidelines: 21st Century Parks for New York City," The Design Trust, City of New York Parks and Recreation, 2010, 210, www.nycgovparks.org/sub_about/go_greener/design_guidelines.pdf (accessed March 21, 2012).

16. This reuse of concrete from the site conserves, according to the landscape architect, almost 2 billion BTU of embodied energy, while avoiding 60 tons of carbon emissions for a new concrete median. See: Yuka Yoneda, "Jagged Chunks of Sidewalk Reused to Create Unique Median for Queens Plaza," Inhabitat NYC, March 9, 2011, http://inhabitat.com/nyc/jagged-chunks-of-sidewalk-reused-to-create-unique-median-for-queens-plaza/.

17. Penny Lee, Senior Planner, Long Island City at New York City Department of City Planning, interview with the author, March 3, 2012.

18. US Environmental Protection Agency, "Combined Sewer Overflow Demographics," National Pollutant Discharge Elimination Systems (NPDES), http://cfpub.epa.gov/npdes/cso/demo.cfm?program_id=5 (accessed February 4, 2012).

19. The team consists of: Waterfront Toronto; Phillips Farevaag Smallenberg Landscape Architects; Jill Anholt, sculptor; Teeple Architects; and TMIG, infrastructure consultant.

20. Waterfront Toronto, "Sherbourne Common Fact Sheet," last updated July 28, 2011, www.waterfrontoronto.ca (accessed February 1, 2012).

21. The ultraviolet equipment shares its foundation with a park pavilion situated above it, which features a café, mechanical equipment storage, and restrooms (whose toilets use gray water).

22. James Roche, Director, Parks Design and Construction, Waterfront Toronto, interview with author, April 12, 2012.

23. Paul McRandle, "Philadelphia Cleans Up Storm Water with Innovative Management," National Geographic, Daily News, July 6, 2012, http://news.nationalgeographic.com/news/2012/06/120606/philadelphia-storm-water-runoff/ (accessed November 20, 2012).

24. US Environmental Protection Agency, Green Infrastructure Case Studies: Municipal Policies for Managing Storm-water with Green Infrastructure (Washington, DC: Office of Wetlands, Oceans, and Watersheds, August, 2010), 50, www.epa.gov/owow/NPS/lid/gi_case_studies_2010.pdf (accessed June 1, 2012).

25. Alisa Valderrama and Larry Levine, "Financing Stormwater Retrofits in Philadelphia and Beyond," Natural Resources Defense Council, February 2012, www.nrdc.org/water/files/StormwaterFinancing-report.pdf (accessed November 12, 2012).

26. Water treatment processes are physically and chemically separated into primary, secondary, and tertiary stages.

27. As a secondary treatment method, the algae growth found in oxidation ponds or lagoons further decomposes material in the bacterial production of oxygen.

28. US Environmental Protection Agency, Arcata, California—A Natural System for Wastewater Reclamation and Resource Enhancement (Washington, DC: US EPA Office of Water, September 1993), 4, www.epa.gov/owow/wetlands/pdf/Arcata.pdf (accessed October 20, 2011).

29. David J. Tenenbaum, "Constructed Wetlands: Borrowing a Concept from Nature," Environmental Health Perspectives 112, no. 1 (January 2004): 4.

30. Amanda Suutari, "USA—California (Arcata)—Constructed Wetland: A Cost-Effective Alternative for Wastewater Treatment," EcoTipping Points Project, June 2006, www.ecotippingpoints.org/our-stories/indepth/usa-california-arcata-constructed-wetland-wastewater.html (accessed January 2013).

31. BOD (biological oxygen demand) is a widely used indirect measurement of organic matter present in water.

32. Humboldt State University, CH2M-Hill, and PBS&J, "Free Water Surface Wetlands for Wastewater Treatment: A Technology Assessment," US Environmental Protection Agency, Office of Water, June 1999, 6–15, http://water.epa.gov/type/wetlands/restore/upload/2004_12_20_wetlands_pdf_FW_Surface_Wetlands.pdf (accessed November 17, 2012).

33. City of Arcata, "Wildlife Sanctuary," www.cityofarcata.com/departments/environmental-services/water-wastewater/wildlife-sanctuary (accessed January 11, 2012).

34. Amanda Suutari and Gerald Marten, "Eco Tipping Points: How a Vicious Cycle Can Become Virtuous," *Earth Island Journal* (Summer 2007): 30.

35. US Environmental Protection Agency, *Constructed Wetlands Treatment of Municipal Wastewaters* (Cincinnati, OH: Office of Research and Development, September 1999), http://water.epa.gov/type/wetlands/restore/upload/constructed-wetlands-design-manual.pdf.

36. Humboldt State University et al., 1–9.

37. *Wadi* is the Arabic term for a seasonal stream.

38. Mohammad al-Asad and Yildirim Yavuz, "Wadi Hanifa Development Plan" (on-site review report, Arriyadh Development Authority, 2258 SAU, 2007), 4, www.archnet.org/library/downloader/file/1405/file_body/FLS1237.pdf (accessed December 5, 2011); see also: Wael al-Samhour and Mashary al-Naim, "Wadi Hanifa Wetlands" (on-site review report, Arriyadh Development Authority, 2258 SAU, 2007), 4, www.archnet.org/library/downloader/file/2223/file_body/FLS1808.pdf (accessed December 5, 2011).

39. George Stockton (landscape architect and planner), President, Moriyama & Teshima Planners, Limited, conversation with author, March 5, 2012.

40. Abdulaziz A. Alhamid, Saleh A. Alfayzi, and Mohamed Alfatih Hamad, "A Sustainable Water Resources Management Plant for Wadi Hanifa in Saudi Arabia," *Journal of King Saud University*, Engineering Sciences, vol. 19, no. 2 (2007): 217.

41. Moriyama & Teshima Architects, with Buro Happold, "Wadi Hanifah Restoration Project," Arriyadh Development Authority, March 2010, www.mtplanners.com/M&T%20Wadi%20Hanifah%20Restoration%20Project%20Booklet%20-%202010-03-S.pdf (accessed March 8, 2012).

42. Stockton.

43. Moriyama et al., 9.

44. Ibid., 11.

45. Ibid., 25.

46. Ibid., 11.

47. Ibid., 9.

48. Ibid., 11.

49. al-Asad and Yavuz, 15.

50. Ibid., 35.

51. High Commission for the Development of ArRiyadh, "Wadi Hanifah Rehabilitation Program," ArRiyadh City website, http://www.ada.gov.sa (accessed December 11, 2011).

52. Stockton.

53. Ibid.

54. Moriyama et al., 33–35.

55. National Research Council, *Valuing Ecosystem Services: Toward Better Environmental Decision-Making* (Washington, DC: National Academies Press, 2005), 156.

56. The agreement was renewed in 2011 with a further $100 million in City funding commitments.

57. National Research Council, *Valuing Ecosystem Services*, 159.

58. "New York City Watershed: Memorandum of Agreement between the City of New York, the State of New York, and the U.S. Environmental Protection Agency et al.," January 21, 1997, www. nysefc.org/Default. aspx?TabID=76&fid=389#dltop (accessed January 3, 2012).

59. Aesthetic standards that are not health-based are considered secondary by EPA, but *not* by New York City Department of Health.

60. Salome Freud, "Why New York City Needs a Filtered Croton Supply," New York City Department of Environmental Protection, May 2003, 9, www.nyc.gov/ html/dep/pdf/croton/whitepaper.pdf (accessed January 29, 2012).

61. In 2007 EPA granted the City a 10-year Filtration Avoidance Determination Renewal based on the City's strong record of watershed protection.

62. New York City Water Board, "Public Information Regarding Water and Wastewater Rates," April 2010, http:// ditmasparkblog.com/wp-content/ uploads/DEP-Blue-Book-Arial-15-one-page-per-22.pdf (accessed January 29, 2012).

63. David Burke, Associate Principal, Grimshaw Architects, conversation with author, May 26, 2010.

64. David Burke, "Water Systems for Urban Improvements," Grimshaw Architects, *Blue: Water, Energy and Waste*, vol. 1 (2009): 62.

65. Great Ecology Firm, "Croton Water Treatment Plant," http://greatecology. com/projects/croton-water-treatment-plant/ (accessed January 29, 2012).

66. Burke, "Water Systems," 63.

67. Ibid.

68. Chapter 6 will describe some of the responses to water scarcity in a warming world.

Chapter 5

1. Mirele Goldsmith, "Citizen Opposition to the Croton Water Treatment Plant" (paper presented at Sixth Biennial Conference on Communication and Environment, Cincinnati, OH, July 2001), 4.

2. The design team includes: Grimshaw Architects, Ken Smith Landscape Architect, Great Ecology, Rana Creek Ecological Design, and Hazen and Sawyer/ AECOM Joint Venture.

3. Matt Chaban, "Fore! Nation's Largest Green Roof atop Bronx Water Plant Doubles as Driving Range," *The Architect's Newspaper*, February 26, 2009, http://archpaper.com/news/articles. asp?id=3231.

4. National Commission on Energy Policy, *Siting Critical Energy Infrastructure: An Overview of Needs and Challenges*

(white paper, Washington, DC, June 2006), www.energycommission.org (accessed February 16, 2012).

5. In 2002 the larger Greenpoint/Williamsburg area was also host to some 30 solid-waste transfer stations, a medical-waste incinerator, a radioactive-waste storage facility, 1,000 industrial firms, and 30 high-hazardous-waste storage facilities. See: Jason Corburn, "Combining Community-Based Research and Local Knowledge to Confront Asthma and Subsistence-Fishing Hazards in Greenpoint/Williamsburg, Brooklyn, New York," *Environmental Health Perspectives* 110, Supplement 2 (April 2002): 245.

6. The first plume, which is almost double the size of the *Exxon Valdez* oil spill in Alaska, remained undiscovered until 1978. See: "The Big Spill," *New York Times*, New York Region Opinion, September 30, 2007, www.nytimes.com/2007/09/30/opinion/nyregion opinions/CInewtown.html (accessed February 17, 2010).

7. Newtown Creek Alliance, "About the Creek: Newtown Creek Information," www.newtowncreekalliance.org/history/ (accessed February 17, 2010). Newtown Creek was not declared a Superfund Site until 2010.

8. The Clean Water Act requires wastewater to be treated to remove at least 85 percent of certain pollutants before post-treatment water, known as effluent, is discharged into surrounding waterways.

9. Water-Technology.net, "Newtown Creek Water Pollution Control Plant, USA," Net Resources International, www.water technology.net/projects/newtown/ (accessed February 18, 2010).

10. Catherine Zidar, Executive Director, Newtown Creek Alliance, interview with author, March 25, 2010.

11. Still in existence, the group continues to negotiate mitigation measures, secure remediation of environmental damage, and help local residents and businesses address concerns about health and quality.

12. Carol Steinsapir, "Moving Forward: A Progress Report on the Environmental Benefits Program" (draft report, New York City, January 1993), 1.

13. "DEP Opens Visitor Center at Newtown Creek," (press release, NYC Department of Environmental Protection, April 24, 2010), www.nyc.gov/html/dep/html/press_releases/10-40pr.shtml (accessed March 12, 2012). See also: "New York City's Wastewater," City of New York, Department of Environmental Protection, www.nyc.gov/html/dep/html/wastewater/index.shtml (accessed March 12, 2012).

14. City of New York, Department of Environmental Protection, "2011–2114: 2011 Progress Report," www.nyc.gov/html/dep/pdf/strategic_plan/dep_strategy_2011_update.pdf (accessed April 21, 2012).

15. Elisabeth Rosenthal, "Europe Finds Clean Energy in Trash, but U.S. Lags," *New York Times*, April 12, 2010.

16. European Commission, "Environment in the EU27," Eurostat News Release 43/2010, March 19, 2010, http://epp.eurostat.ec.europa.eu/cache/ITY_PUBLIC/8-19032010-AP/EN/8-

19032010-AP-EN.PDF (accessed April 22, 2012).

17. Ibid.

18. US Environmental Protection Agency, *Municipal Solid Waste Generation, Recycling, and Disposal in the United States: Facts and Figures for 2009* (Washington, DC, December, 2010), www.epa.gov/epawaste/nonhaz/municipal/pubs/msw2009-fs.pdf (accessed June 2012).

19. Furans are volatile organic compounds obtained from wood oils.

20. Nickolas J. Themelis, "An Overview of the Global Waste-to-Energy Industry," *Waste Management World* (July–August 2003): 40–47.

21. Erica Gies, "Waste-to-Energy Plants a Waste of Energy, Recycling Advocates Say," *New York Times*, July 4, 2008, Business section.

22. Letter to M. Zannes of the Integrated Waste Services Association from EPA Assistant Administrators Marianne Horinko and Jeffrey Holmstead, February 14, 2003.

23. P. Ozge Kaplan, Joseph DeCarolis, and Susan Thorneloe, "Is It Better to Burn or Bury Waste for Clean Electricity Generation?" *Environmental Science & Technology* 43, no. 6 (2009): 1711.

24. Syndicat Intercommunal de Traitement des Ordures Ménagères, "ISSEANE: The Future Issy-les-Moulineaux Household Waste Sorting and Energy Production Centre," SYCTOM de L'agglomeration Parisienne, 2007, 4, www.syctom-paris.frww.syctom (accessed September 12, 2011).

25. Ibid., 9.

26. Ibid.

27. Ibid., 6.

28. Tom Freyberg, "Can an Energy from Waste Plant be a Work of Art?" *Sustainable Solutions*, February/March 2009, 33.

29. Masanori Tsukahara and Hitachi Zosen Corporation, "Presentation of Japanese Technology of Waste to Energy," *JASE-World, Waste to Energy Sub WG*, November 14, 2012, www.mofa.go.jp/region/latin/fealac/pdfs/4-9_jase.pdf (accessed September 30, 2011).

30. B. Harden, "Japan Stanches Stench of Mass Trash Incinerators," *Washington Post*, November 18, 2008.

31. City of Hiroshima, Urban Design Section, City Planning Division Urban Development Bureau, www.city.hiroshima.lg.jp/ (accessed July 3, 2011).

32. City of Hiroshima, "Introduction to the Facilities of Hiroshima," International Relations Division, Department Citizens' Affairs Bureau of Hiroshima, www.city.hiroshima.jp/ (accessed July 30, 2011).

33. Harden.

34. Another lively invention by this celebrated ecological artist is the whimsically biomorphic Spittelau Thermal Waste Treatment Plant upgrade in Vienna, completed in 1992. What is less well known is that at Spittelau Hundertwasser went beyond mere cosmetic gestures and insisted in his contract that the facility incorporate more-advanced pollution controls. His revisions are now part of the global standard for flue-gas-treatment processes.

35. Jim Witkin, "Skiing Your Way to 'Hedonistic Sustainability,'" *New York Times*, February 16, 2011.

36. Babcock & Wilcox Vølund, "Waste-to-Energy Plant Amager Bakke, Copenhagen, Denmark," fact sheet 2013, www.volund.dk/en/Waste_to_Energy/References/~/media/Downloads/Brochures%20-%20WTE/Amager%20Bakke%20-%20Copenhagen%20-%20Denmark.ashx.

37. Vanessa Quirk, "BIG's Waste-to-Energy Plant Breaks Ground, Breaks Schemas," *ArchDaily*, March 5, 2013, www.archdaily.com/339893 (accessed March 16, 2013).

38. Christopher Sensenig, "Willamette River Water Treatment Plant—Wilsonville, OR," *Places* 13, no. 3 (2004): 6–9.

39. Edward Walsh, Rex Warland, and D. Clayton Smith, *Don't Burn It Here: Grassroots Challenges to Trash Incineration* (University Park, PA: Penn State University Press, 1997), 157. See also: US Environmental Protection Agency, "Wastes, Non-hazardous Waste, Municipal Waste," www.epa.gov/osw/nonhaz/municipal/wte/basic.htm.

40. Karen Stein, "Making Art of Trash," *Architectural Record* (June 1994).

41. William Morrish, "Raising Expectations [Place Debate: Revisiting the Phoenix Public Art Plan]," *Places* 10, no. 3 (July 1996): 63.

42. Christine Temin, "Rising in Phoenix: A Model for Public Art," *Boston Globe Magazine*, July 24, 1994.

43. The concept of "Solving for Pattern," according to Wendell Berry's essay of the same title, is the process of discovering solutions that solve multiple problems while avoiding creation of new ones. While originally used in reference to agriculture, the term has been picked up by the green-design community.

44. Michael Singer, Ramon Cruz, and Jason Bregman, "Infrastructure and Community: How Can We Live with What Sustains Us?" Environmental Defense and Michael Singer Studio, 2007, 14, http://ne.edgecastcdn.net/000210/ebs/100107_sustainable/pdfs/singer.pdf (accessed August 21, 2011).

45. Herbert Muschamp, "When Art Is a Public Spectacle," *New York Times*, August 20, 1993, Arts section.

46. City of Phoenix Public Works Department, "Solid Waste Strategic Plan 2010," City of Phoenix, http://phoenix.gov/webcms/groups/internet/@inter/@dept/@pubworks/@news/documents/web_content/056272.pdf (accessed August 21, 2011).

47. Sarah E. Graddy, "Creative and Green: Art, Ecology, and Community" (masters thesis, University of Southern California, 2005).

48. Ibid., 15.

49. Singer et al.

50. Imported fossil fuel supports fishing and land transportation. See: Arni Ragnarsson, "Geothermal Development in Iceland 2005–2009" (proceedings of the World Geothermal Congress 2010, Bali, Indonesia, April 25–29, 2010), 1.

51. The term *primary energy* refers to energy forms required by the energy sector to generate the supply of energy carriers used by society.

52. These figures date from 2009. See: Rag-narsson, 3–4.

53. Einar Gunnlaugsson and Gestur Gisla-son, "District Heating in Reykjavik and Electrical Production Using Geothermal Energy," Orkuveita Rekjavikur, www.or.is/media/files/District%20heating-09253PaperIGC20032003.pdf (accessed August 26, 2012).

54. Geothermal plants are recognized in the United States by statute as a renewable resource, with their heat energy considered indefinitely available.

55. A case study of a coal plant updated with scrubbers and other emissions control technologies emits 24 times more carbon dioxide, 10,837 times more sulfur dioxide, and 3,865 times more nitrous oxides per megawatt-hour than a geothermal steam plant. See: Alyssa Kagel, Diana Bates, and Karl Gawell, "A Guide to Geothermal Energy and the Environment," *Geothermal Energy Association* (2005): 2, www.geo-energy.org (accessed December 21, 2011).

56. Kagel et al., 41.

57. Magnea Gudmundsdottir, Asa Brynjolf-sdottir, and Albert Albertsson, "The History of the Blue Lagoon in Svartsengi" (proceedings of the World Geothermal Congress 2010, Bali, Indonesia, April 25–29, 2010).

58. Daniel Gross, "Iceland Has Power to Burn," *Newsweek*, April 5, 2008.

59. Albert Albertsson and Julius Jonsson, "The Svartsengi Resource Park" (pro-ceedings of the World Geothermal Congress, Bali, Indonesia, April 25–29, 2010), 2.

60. Iceland has one of the highest numbers of cars per capita in the world. See: K.-C. Tran and Albert Albertsson, "Utilization of Geothermal Energy and Emissions for Production of Renewable Methanol" (proceedings of the World Geothermal Congress, 2010, Bali, Indonesia, April 25–29, 2010), 1.

61. This synthesis gas is a fuel gas mixture consisting primarily of hydrogen, car-bon monoxide, and very often some carbon dioxide.

62. Tran and Albertsson, 2.

63. Ibid., 1.

64. "Iceland as a Green Saudi Arabia" (press release, Carbon Recycling Inter-national [CRI]), www.carbon recycling.is/index.php?option=com_content&view=article&id= 52%3 Aiceland-as-a-green-saudi-arabia &catid= 2&Itemid=6&lang=en (accessed March 16, 2013).

65. Albertsson and Jónsson, 2.

66. Washington, Oregon, Idaho, Wyoming, Utah, California, Nevada, Arizona, and New Mexico.

67. Kagel et al., i.

68. Massachusetts Institute of Technology, "The Future of Geothermal Energy: Impact of Enhanced Geothermal Systems (EGS) on the United States in the 21st Century," US Department of Energy, 2006, www1.eere.energy.gov/geothermal/egs_technology.html (accessed March 15, 2013).

69. Ibid., 1–5.

70. The World Bank, "Brazil—Gas Sector Development Project, Sao Paulo Natural Gas Distribution Project," World Bank

Project Performance Assessment Report (December 1, 2003), 90, www-wds. worldbank.org/ (accessed October 12, 2011).

71. Mark Gerenscer et al., *Megacommunities: How Leaders of Government, Business and Non-Profits Can Tackle Today's Global Challenges Together* (New York: Palgrave/Macmillan, 2008).

72. Petrobras also developed an effective procedure for handling claims from affected populations. See: Kay Patten Beasley, "Bolivia-Brazil Gas Pipeline Project—Environmental Assessment, Executive Summary," November 1996, 27, www-wds.worldbank.org/servlet/ WDSContentServer/WDSP/IB/2000 /02/24/000009265_3980313101727/ Rendered/INDEX/multi_page.txt (accessed March 17, 2013).

73. Juan D. Quintero, "Best Practices in Mainstreaming Environmental & Social Safeguards into Gas Pipeline Projects: Learning from the Bolivia-Brazil Gas Pipeline Project (GASBOL)," The World Bank Energy Sector Management Assistance Program, July 2006, 22, www-wds.worldbank.org/ (accessed October 1, 2011).

74. World Bank Report No. 22201, "Implementation Report (SCL-42650) on a Loan in the Amount of US$130 Million to the Transportadora Brasileira Gasoduto Bolivia-Brasil S.A., for a Gas Sectored Development Project—Bolivia Gas Pipeline," June 27, 2001, 13.

75. World Bank, "Implementation Report," 11.

76. Quintero, 26.

77. Ibid, 27.

78. World Bank, "Implementation Report," 39.

79. Quintero, 42.

80. World Bank Project Assessment Report.

81. George Ledec and Juan D. Quintero, "Bolivia-Brazil Gas pipeline Project (GASBOL): Minimizing Project Footprint," in *Mainstreaming Conservation in Infrastructure Projects: Case Studies from Latin America*, World Bank, June 2007, 8, http://siteresources.worldbank. org/INTBIODIVERSITY/Resources/ Mainstream-Infrastructure-web.pdf (accessed October 9, 2011).

82. Gerenscer et al., 75.

Chapter 6

1. Royal Haskoning, "Integrated Coastal Zone Development: A Process Approach Based on ComCoast Experiences" (technical report, WP1 ComCoast project, 2007), 6–7. See also the Natura 2000 Networking Programme website: www. natura.org/sites_uk_abbotts.html (accessed November 4, 2012).

2. A May 15, 2013, study showed that among 11,944 papers expressing a position on anthropogenic global warming, 97.2 percent endorsed the consensus position on anthropogenic causation. See: John Cook et al., "Quantifying the Consensus on Anthropogenic Global Warming in the Scientific Literature," *Environmental Research Letters* 8, no. 2 (2013): 024024, doi:10.1088/1748-9326/8/2/024024.

3. Union of Concerned Scientists, "Findings of the IPCC Fourth Assessment Report: Climate Change Science," www.

注 释 | 175

ucsusa.org (accessed November 4, 2012). See also: Miguel Llanos, "Sea Level Rose 60 Percent Faster than UN Projections, Study Finds," *NBC News*, November 28, 2012, http://worldnews.nbcnews. com/_news/2012/11/28/15512957-sea-level-rose-60-percent-faster-than-un-projections-study-finds.

4. Discussions of mitigation measures center on three questions: (1) Who will reduce emissions (i.e., both developed and developing nations)? (2) How much will emissions be reduced (i.e., what baseline will be used, and what will be the extent of the reductions measured against that baseline)? (3) How quickly will reductions occur? Mitigation pro-posals include various strategies to reduce, sequester, or offset GHG emis-sions—through cap-and-trade, carbon taxes, or other mechanisms.

5. UK Cabinet Office, "Introduction, Defini-tions, and Principles of Infrastructure Resilience," in *Keeping the Country Run-ning: Natural Hazards and Infrastructure* (London: Civil Contingencies Secretariat, Cabinet Office, 2011), www.gov.uk/ government/uploads/system/uploads/ attachment_data/file/78902/section-a-natural-hazards-infrastructure.pdf.

6. C. S. Hollings, "Resilience and Stability of Ecological Systems," *Annual Review of Ecology and Systematics* 4 (1973): 9.

7. Ibid.

8. Union of Concerned Scientists—USA, "Infographic: Sea Level Rise and Global Warming,"www.ucsusa.org/ global_warming/science_and_impacts/ impacts/infographic-sea-level-rise-global-warming.html (last revised April 16, 2013).

9. Gordon McGranahan, Deborah Balk, and Bridget Anderson, "The Rising Tide: Assessing the Risks of Climate Change and Human Settlement in Low-Elevation Coastal Zones," *Environment and Urbanization* 19, no. 1 (2007): 22, doi: 10.1177 /0956247807076960.

10. Matt Rosenberg, "Polders and Dikes of the Netherlands," About.com, http://geography. about.com/od/ specificplacesofinterest/a/dykes.htm (accessed November 27, 2012). See also: Pavel Kabat et al., "Climate-Proofing the Netherlands," *Nature* 438 (2005): 283.

11. Aleksandra Kazmierczak and Jeremy Carter, "Adaptation to Climate Change Using Green and Blue Infrastructure: A Database of Case Studies" (Manchester, UK: University of Manchester, 2010), 19.

12. Pavel Kabat, et al., "Dutch Coasts in Transition," *Nature Geoscience* vol. 2 (July 2009): 4.

13. I. Watson and C. W. Finkl, "State of the Art in Storm-Surge Protection: The Netherlands Delta Project," *Journal of Coastal Research* 6 (1990): 741, www. jstor.org/stable/4297737.

14. Johan van der Tol, "Barriers and Dams: Exporting Holland's Sea Defenses," Radio Netherlands Worldwide, October 4, 2011, www.rnw.nl/english/article/ barriers-and-dams-exporting-hollands-sea-defences (accessed November 27, 2012).

15. Dacher L. Frohmader, "The Eastern Scheldt Storm Surge Barrier," *Concrete Construction* (May 1991): 385.

16. "Deltawerken-Nature," www.delta werken.com/Nature/14.html (last modi-fied 2004, accessed November 27, 2012).

17. Bianca Stalenberg, Han Vrijling, and Yoshito Kikumori, "Japanese Lessons for Dutch Urban Flood Management" (proceedings of "Water Down Under," Adelaide, Australia, 2008). See also: Jun Inomata, "Multiple Use of Flood Prevention Facilities in Japan," National Institute for Land and Infrastructure Management, Ministry of Land, Infrastructure, and Transport, www.mlit.go.jp/river/trash_box/paper/pdf_english/19.pdf (accessed April 29, 2013).

18. Netherlands Ministry of Transport, Public Works, and Water Management, "A Different Approach to Water: Water Management Policy in the 21st Century," Ministry of Transport, Public Works and Water Management, Amsterdam, Netherlands, 2000, 12.

19. H. van Schaik, F. Ludwig, M. R. van der Valk, and B. Dijkshoorn, "Climate Changes Dutch Water Management," Co-operative Programme on Water and Climate and Netherlands Water Partnership, Delft, Netherlands, 2007, 15.

20. "Deltawerken—The Delta Works Website," www.deltawerken.com/The-Delta-Works/1524.html (accessed November 27, 2012).

21. "Room for the River: First Dairy Farmer Moves to New Farm on 6m-High Mound in Overdiepse Polder," Dutch Water Sector, August 11, 2012, www.dutchwatersector.com/news-events/news/3384-room-for-the-river-first-dairy-farmer-moves-to-new-farm-on-6-m-high-mound-in-overdiepse-polder.html (accessed January 11, 2013).

22. "Overdiepse Polder—Overdiepse Polder River Widening," Waterschap Branbantse Delta, www.brabantsedelta.nl/overdiep/english/overdiepse_polder (accessed November 29, 2012).

23. Climatewire, "How the Dutch Make 'Room for the River' by Redesigning Cities," Scientific American, January 20, 2012, www.scientificamerican.com/article.cfm?id=how-the-dutch-make-room-for-the-river (accessed November 29, 2012).

24. H. van Schaik, F. Ludwig, and M. R. van der Valk, eds., Climate Changes Dutch Water Management (Delft, The Netherlands: Netherlands Water Partnership, August 2007).

25. "Guiding Models for Water Storage: Possibilities for Water Storage and Multiple Space Use in the Dutch River Area" (ESPACE project report, Nijmegen/Oosterbeek, Netherlands, September 2004), 41.

26. Studio Marco Vermeulen, "Selected Projects," www.marcovermeulen.nl/ (accessed November 11, 2012).

27. Armando Carbonell and Douglas J. Meffert, "Climate Change and the Resilience of New Orleans: The Adaptation of Deltaic Urban Form," Lincoln Land Institute, 2009, 5–10, http://siteresources.worldbank.org (accessed February 2011.)

28. David Waggonner, Han Meyer, et al., "New Orleans after Katrina: Building America's Water City" (unpublished paper).

29. Interview with David Waggonner, July 25, 2013.

30. Ibid.

31. Gordon Russell, "Planners, Inspired by Dutch, Now Hope to Build," *The Advocate*, Baton Rouge, LA, July 22, 2013.

32. Joseph Mathew, "Strategic Alternatives for Coastal Protection: Multipurpose Submerged Reefs" (presentation in the 11th Meeting of the Coastal Protection and Development Advisory Committee [CPDAC], Chennai, January 4, 2010), 3–8.

33. Kerry P. Black, "Artificial Surfing Reefs for Erosion Control and Amenity: Theory and Application," *Journal of Coastal Research*, special issue no. 34 (2001): 2.

34. Kerala Department of Tourism, "Kovalam Reef: An Initiative of Government of Kerala for Coastal Protection, Ecology Enhancement and Eco-recreation," Government of Kerala, India, 2010.

35. Mike Christie and Oliver Colman, "An Economic Assessment of the Amenity Benefits Associated with Alternative Coastal Protection Options" (paper presented by International Association of Agricultural Economists, 2006 Annual Meeting, Queensland, Australia, August 12–18, 2006), 5.

36. Kerry P. Black and Shaw Mead, "Design of Surfing Reefs," *Reef Journal* 1 (2009): 177.

37. S. T. Mead, "Multiple-Use Options for Coastal Structures: Unifying Amenity, Coastal Protection, and Marine Ecology," *Reef Journal* 1, no. 1 (2009): 297.

38. Rhys A. Edwards and Stephen D. A. Smith, "Subtidal Assemblages Associated with a Geotextile Reef in South-East Queensland, Australia," *Marine and Freshwater Research* 56, no. 2 (2005): 133.

39. K. Saito, "Japan's Sea Urchin Enhancement Experience," in *Sea Urchins, Abalone, and Kelp: Their Biology, Enhancement, and Management*, ed. Christopher M. Dewes, University of California, California Sea Grant College Conference, Bodega Bay, CA, March 18–21, 1992.

40. Lina Kliucininkaite and Kai Ahrendt, "Modelling Different Artificial Reefs in the Coastline of Probstei," *RADOST Journal Series* 5 (2011): 40.

41. M. Raybould and T. Mules, "Northern Gold Coast Beach Protection Strategy: A Benefit-Cost Analysis" (technical report, Gold Coast City Council, 1998).

42. Jinu Abraham, "Campaign against Artificial Reef Kovalam," India Tourism Watch, December 11, 2010, http://indiatourismwatch.org/node/6 (accessed November 29, 2012).

43. Xavier Leflaive et al., "Water," in *OECD Environmental Outlook to 2050: The Consequences of Inaction* (OECD Publishing, 2012).

44. Young Ho Bae, Kyeong Ok Kim, and Byung Ho Choi, "Lake Sihwa Tidal Power Plant Project," *Ocean Engineering* 37, no. 5 (2010): 454, doi:10.1016/j.oceaneng.2010.01.015.

45. Larry Parker and John Blodgett, "Greenhouse Gas Emissions: Perspectives on the Top 20 Emitters and Developed Versus Developing Nations" (CRS report for Congress, 2008), 16.

46. Neil Ford, "Seoul Leads Tidal Breakthrough: Development of the 254MW Sihwa Tidal Power Plant in South Korea Could Lead to Further Advances in Tidal

Power Technology," *International Water Power & Dam Construction* 58, no. 10 (October 1, 2006): 10–12.

47. Bae et al., 454.

48. Man-ki Kim, "Korea Building World's Largest Tidal Power Plant," *The Korea Herald*, March 30, 2010, www.koreaherald.com/view.php?ud=20090727000009.

49. Korea Electric Company (KEPCO), "Korea Tidal Power Study—Phase I, KORDI, DIST." (technical report, Shawinigan Engineering Company, 1978), 180.

50. Robert Williams, "How France Eclipsed the UK with Brittany Tidal Success Story," *Ecologist*, November 10, 2011, www.theecologist.org/News/news_analysis/678082/how_france_eclipsed_the_uk_with_brittany_tidal_success_story.html.

51. Corlan Hafren Limited, "The Severn Barrage Regional Vision," *Engineer*, October 2010, 1, www.theengineer.co.uk/Journals/1/Files/2010/10/18/Halcrow%20Severn_Barrage_Vision_oct_2010.pdf (accessed April 22, 2013).

52. Bi-direction turbines operate under water flow in either direction. Low-head turbines are those set within a fall of water less than 5 meters.

53. Where tidal power is derived from Earth's oceanic tides, wave energy is produced when electricity generators are placed on the surface of the ocean. See: Oregon State University, "About Marine Energy—Making Waves," Northwest National Marine Renewable Energy Center, http://nnmrec.oregonstate.edu/ocean-wave-energy (accessed January 15, 2013).

Chapter 7

1. Charles Vörösmarty quoted in: Fiona Harvey, "Global Majority Faces Water Shortages 'Within Two Generations,'" *Guardian*, May 24, 2013, www.guardian.co.uk/environment/2013/may/24/global-majority-water-shortages-two-generations (accessed June 2, 2013).

2. Food and Agriculture Organization (FAO), "World Agriculture: Towards 2015/2030," ed. Jelle Bruinsma (London: Earthscan, 2003), 27, www.fao.org/fileadmin/user_upload/esag/docs/y4252e.pdf (accessed July 19, 2012).

3. B. C. Bates, Z. W. Kundzewicz, S. Wu, and J. P. Palutikof, eds., "Climate Change and Water," IPCC Technical Paper VI (Geneva: IPCC Secretariat, 2008), 4.

4. "A Shortage of Capital Flows," *The Economist*, October 9, 2008, www.economist.com/node/12376698 (accessed November 21, 2012).

5. Nick Cashmore, "Remaining Drops—Freshwater Resources: A Global Issue," CLSA U Blue Books, 2006, 20, www.pacinst.org/reports/remaining_drops/CLSA_U_remaining_drops.pdf (accessed November 21, 2012).

6. Philip Mote, Alan Hamlet, Martyn P. Clark, and Dennis P. Lettenmaier, "Declining Mountain Snowpack in Western North America," *Bulletin of the American Meteorological Society* 86 (2005): 44, doi: 10.1175/BAMS-86-1-39.

7. Jonathan Overpeck, *Assessment of Climate Change in the Southwest United States*, ed. Greg Garfin (Washington, DC: Island Press, 2012), 1–20.

8. "Pajaro River Watershed: History and Background," Action Pajaro Valley, www.pajarowatershed.org/Content/10109/HistoryandBackground.html (accessed June 21, 2012).

9. US Environmental Protection Agency, *National Water Program 2012 Strategy: Response to Climate Change*" (public comment draft 2012), 2, http://water.epa.gov/scitech/climatechange/2012-National-Water-Program-Strategy.cfm (accessed July 7, 2012).

10. Where renewable water in a country is below 1,700 m³ per person per year, that country is said to be experiencing water stress; below 1,000 m³ it is said to be experiencing water scarcity; and below 500 m³, absolute water scarcity.

11. Kathleen A. Miller, Steven L. Rhodes, and Lawrence J. MacDonnell, "Water Allocation in a Changing Climate: Institutions and Adaptation," *Climatic Change* 35, no. 2 (1997): 157.

12. Rakesh Kumar, R. D. Singh, and K. D. Sharma, "Water Resources of India," *Current Science* 89, no. 5 (2005): 794.

13. World Wildlife Fund (WWF), "Water for Life: Lessons for Climate Change Adaptation from Better Management of Rivers for People and Nature," ed. Jamie Pittock (Switzerland: WWF, 2008), 18, http://assets.panda.org/downloads.50_12_wwf_climate_change_v2_full_report.pdf.

14. K. Lenin Babu and S. Manasi, "Estimation of Ecosystem Services of Rejuvenated Irrigation Tanks: A Case Study in Mid-Godavari Basin" (proceedings of the IWMI-TATA Water Policy Research Program "Managing Water in the Face of Growing Scarcity, Inequity, and Declining Returns: Exploring Fresh Approaches," Hyderabad, April 2–4, 2008), 283.

15. Biksham Gujja, Sraban Dalai, Hajara Shaik, and Vinod Goud, "Adapting to Climate Change in the Godavari River Basin of India by Restoring Traditional Water Storage Systems," *Climate and Development* 1 (2009): 232.

16. Ibid., 230. (N.b. India's peninsular rivers, such as the Godavari, do not receive Himalayan snowmelt.)

17. Gujja et al., "Adapting to Climate Change," 232.

18. Babu and Manasi, "Estimation of Ecosystem Services," 284.

19. Gujja et al., "Adapting to Climate Change," 237.

20. Ibid., 233.

21. Ibid., 233–5.

22. Babu and Manasi, "Estimation of Ecosystem Services," 290.

23. Gujja et al., "Adapting to Climate Change," 235.

24. Babu and Manasi, "Estimation of Ecosystem Services," 286.

25. Ibid.

26. WWF, "Water for Life," 18.

27. Gujja et al., "Adapting to Climate Change," 235.

28. Ibid., 287.

29. Babu and Manasi, "Estimation of Ecosystem Services," 292.

30. Ibid., 238.

31. Nilesh Heda, "Conservation of Riverine Resources through People's Participation: North-Eastern Godavari Basin,

Maharashtra, India" (final report), Rufford Small Grant for Nature Conservation (UK: Samvardhan, 2011), 14.

32. Gujja et al., "Adapting to Climate Change," 233.

33. WWF, "Water for Life," 18.

34. Mooyoung Han, "Innovative Rainwater Harvesting and Management Practice in Korea" (Korea: Seoul National University, 2007), 1.

35. Mooyoung Han, J. S. Mun, and H. J. Kim, "An Example of Climate Change Adaptation of Rainwater Management at the Star City Rainwater Project" (Seoul, Korea: Seoul National University, 2008), 2.

36. Mooyoung Han and Klaus W. König, "Rainwater Harvest System—Star City, Seoul," *fbr-Wasserspiegel* 4, 2008, 3, www.fbr.de/fileadmin/user_upload/files/Englische_Seite/Han_WS_1_2009_engl_webseite.pdf (accessed July 24, 2012).

37. Mooyoung Han and S. R. Kim, "Improving a City's LWIR with Rainwater Harvesting," *Water & Wastewater Asia* (2007): 32.

38. Bill McCann, "Seoul's Star City: A Rainwater Harvesting Benchmark in Korea," *Water21* (2008): 18.

39. Jungsoo Mun and Mooyoung Han, "Rainwater Harvesting and Management Spotlighted as a Key Solution for Water Problems in Monsoon Region" (Seoul, Korea: Seoul National University), 3, www.researchgate.net/publication/228790709_Rain water_Harvesting_and_Management_ spotlighted_as_a_key_solution_for_ water_problems_in_monsoon_region (accessed July 21, 2012).

40. Fulya Verdier, "MENA (Middle East/North Africa) Regional Water Outlook, Part II: Desalination Using Renewable Energy," report prepared for the World Bank (Stuttgart, Germany: Fichtner, March 2011).

41. Ibid., 4–15, 20.

42. Mohamed A. Eltawil, Zhao Zhengming, and Liqiang Yuan, "A Review of Renewable Energy Technologies Integrated with Desalination Systems," *Renewable and Sustainable Energy Reviews* 13, no. 9 (2009): 2246.

43. Anibal T. De Almeida and Pedro S. Moura, "Desalination with Wind and Wave Power," *Solar Desalination for the 21st Century*, ed. L. Rizzuti et al., NATO Security through Science Series (2007), 311, doi:10.1007/978-1-4020-5508-9_23.

44. Ibid.

45. Prachi Patel, "Solar-Powered Desalination: Saudi Arabia's Newest Purification Plant Will Use State-of-the-Art Solar Technology," *MIT Technology Review*, April 8, 2010, www.technologyreview.com/news/418369/solar-powered-desalination/.

46. Joe Avancena, "KSA to Go Solar to Raise Water Desalination Plant Output," *Saudi Gazette*, February 11, 2012.

47. C. J. Vörösmarty, P. Green, J. Salisbury, and R. B. Lammers, "Global Water Resources: Vulnerability from Climate Change and Population Growth," *Science* 289, no. 5477 (2000): 284–8.

48. P. A. Davies and C. Paton, "The Seawater Greenhouse: Background Theory and Current Status," *International Journal of Low Carbon Technologies* 1, no. 2 (2006): 183–4, doi:10.1093/ijlct/1.2.184.

49. Ibid.

50. Ibid., 185.

51. Renee Cho, "Seawater Greenhouses Produce Tomatoes in the Desert," State of the Planet blog, The Earth Institute, Columbia University, February 18, 2012, http://blogs.ei.columbia.edu/2011/02/18/seawater-greenhouses-produce-tomatoes- in-the-desert/ (accessed December 5, 2012). See also: "Sundrop Farms Aljazeera English Earthrise Coverage," Earthrise, Aljazeera, April 20, 2012, www.aljazeera.com/programmes/ earthrise/2012/04/201242015451631530.html (accessed December 5, 2012).

52. Sahara Forest Project, "Enabling a Green Future for Jordan," 3, http://sahara forestproject.com/fileadmin/uploads/SFP_jordan.pdf (accessed December 5, 2012).

53. World Bank, "MENA Regional Water Outlook: Desalination Using Renewable Energy," Part II Final Report (Germany: Fitcher, 2011), 0–2, http://wrri.nmsu.edu/conf/conf11/mna_rdrens.pdf.

54. Ibid., 9–160.

55. Ibid., 5–10.

56. Ibid., 21.

57. California Environmental Protection Agency, "Integrated Regional Water Management Grant Program," State Water Resources Control Board, http://water.epa.gov/scitech/climatechange/upload/epa_2012_climate_water_strategy_sectionIII_final.pdf (last modified August 16, 2011). See also: www.waterboards.ca.gov/water_issues/programs/grants_loans/irwmgp/index.shtml.

58. G. Wade Miller, "Integrated Concepts in Water Reuse: Managing Global Water Needs," *Desalination* 187, no. 1 (2007): 68.

59. Ibid, 66.

60. B. Durham, A. N. Angelakis, T. Wintgens, C. Thoeye, and L. Sala, "Water Recycling and Reuse: A Water Scarcity Best-Practice Solution" (paper presented at the conference "Coping with Drought and Water Deficiency: From Research to Policy Making," Cyprus, May 12–13, 2005), 4.

61. Philip S. Wenz, "Spigot to Spigot," *American Planning Association* 74 (2008): 9.

62. Jyllian Kemsley, "Treating Sewage for Drinking Water: New California Plant Cleanses Water to Replenish Supply," *Chemical & Engineering News* 86, no. 4 (2008): 71, http://pubs.acs.org/cen/science/86/8604sci4.html.

63. "About GWRS," Groundwater Replenishment System, www.gwrsystem.com/about-gwrs.html (accessed December 7, 2012).

64. Wendy Sevenandt, "Old Water Made New: Innovative Project in Southern California Combines Water Purification and Pollution Control," *Pollution Engineering*, January 1, 2006, 10, www.pollutionengineering.com/articles/85263-old-water-made-new? (accessed July 25, 2012).

65. Groundwater Replenishment System, "The OCWD/OCSD Partnership: How It Began More than Four Decades Ago," www.gwrsystem.com/about-gwrs/facts-a-figures/the-ocwdocsd-partnership.html (accessed July 12, 2012).

66. Asit K. Biswas and Cecilia Tortajada, eds., *Water Management in 2020 and Beyond*, from Water Resources Development and Management Series (Springer-Verlag: Berlin Heidelberg, 2009), 237.

67. Singapore Public Utilities Board (PUB), "PUB ABC Water," PUB ABC Waters Programme, www.pub.gov.sg/abcwaters/Pages/default.aspx (last updated January 27, 2012).

68. Singapore PUB, "Marina Barrage: 3 in 1 Benefits," www.pub.gov.sg/Marina/Pages/3-in-1-benefits.aspx (accessed January 9, 2013).

69. Singapore PUB, "Overview: Four National Taps Provide Water for All," www.pub.gov.sg/water/Pages/default.aspx (last updated on August 3, 2012).

70. Water Management in 2020 and Beyond," 241.

71. Singapore PUB, "NEWater: History," www.pub.gov.sg/about/historyfuture/Pages/NEWater.aspx (last updated on June 28, 2011).

72. Singapore PUB, "Lowering Energy Consumption of Desalination," www.pub.gov.sg/LongTermWaterPlans/pipeline_LowerEgy.html (accessed January 9, 2013).

73. Noah Garrison, Christopher Kloss, and Robb Lukes, "Capturing Rainwater from Rooftops: An Efficient Water Resource Management Strategy That Increases Supply and Reduces Pollution," Natural Resources Defense Council, November 2011, 15, www.nrdc.org/water/files/rooftoprainwatercapture.pdf (accessed December 4, 2012).

74. Ibid., 12.

75. Ibid., 5–35.

Chapter 8

1. Anastasia Christman and Christine Riordan, "State Infrastructure Banks: Old Idea Yields New Opportunities for Job Creation," *National Employment Law Project* (briefing paper, 2011), 1, www.nelp.org/page/-/Job_Creation/State_Infrastructure_Banks.pdf?nocdn=1.

2. Edward Cohen-Rosenthal, "What Is Eco-Industrial Development?" in *Eco-Industrial Strategies: Unleashing Synergy Between Economic Development and the Environment*, ed. Edward Cowen-Rosenthal and Judy Musnikow (Sheffield, UK: Greenleaf Publishing 2003), 16.

3. The United States Conference of Mayors, "List of Participating Mayors," 2007 Mayors Climate Protection Summit, www.usmayors.org/climateprotection/list.asp (accessed March 25, 2013).

4. Center for Climate and Energy Solutions, "Climate Action Plans," updated November 8, 2012, www.c2es.org/us-states-regions/policy-maps/climate-action-plans (accessed March 27, 2013).

5. At the time of writing, two additional states were considering such arrangements.

6. Elizabeth Daley, "Massachusetts, Eight Other States to Sharply Cut Power Plant Carbon Emissions," *Boston Globe*, Metro section, February 7, 2013.

7. Urban Land Institute and Ernst & Young, *Infrastructure 2012: Spotlight on Leadership* (Washington, DC: Urban Land Institute, 2012), 39.

8. Ibid.

9. Robert Puentes and Jennifer Thompson, "Banking on Infrastructure: Enhancing

State Revolving Funds for Transporta-tion," Project on State and Metropolitan Innovation (Washington, DC: Brookings-Rockefeller, 2012), 7, www.brookings. edu/research/papers/2012/09/12-state-infrastructure-investment-puentes (accessed January 4, 2013).

10. US Department of Transportation and Federal Highway Administration, *State Infrastructure Bank Review* (Washington, DC: 2002), 6.

11. Arizona's Department of Transportation has an SIB, and its Highway Expansion and Extension Loan Program is subject to open meeting laws. See: "Priority Planning Advisory Committee," Arizona Department of Transportation, www.azdot.gov/about/boards-and-committees/PriorityPlanningAdvisory Committee.

12. Rachel MacCleery, "Lessons from California for a New National Bank for Infrastructure," *Urban Land*, November 11, 2010, http://urbanland.uli.org/ Articles/2010/Nov/MacCleeryLessons.

13. Ibid.

14. California Infrastructure and Economic Development Bank (I-Bank), "Low-Cost Infrastructure Financing," www.ibank. ca.gov/res/docs/pdfs/IBANK_ISRF_ Brochure_for_web_9_10_04.pdf (accessed February 5, 2013).

15. Stanton C. Hazelroth, "California Infra-structure and Economic Development Bank" (prepared remarks before the House Ways and Means Committee Subcommittee on Select Revenue Measures, from public hearing on Infra-structure Banks, May 3, 2010), 3.

16. Office of the Mayor, City of Chicago, "City Council Passes Chicago Infra-structure Trust: Innovative Funding Mechanism Will Allow Transformative Infrastructure Projects" (press release, April 24, 2012).

17. John Schwartz, "$7 Billion Public-Private Plan in Chicago Aims to Fix Transit, Schools, and Parks," *New York Times*, March 29, 2012.

18. Patrick Svtek, "Rahm Emanuel's Chicago Plan for Infrastructure Wins Thumbs Up from Mayors," *Huffington Post*, July 23, 2012, www.huffingtonpost.com/ 2012/07/23/rahm-emanuel-chicago-plan-infrastructure_n_1696457.html.

19. Deloitte Research, "Closing the Infra-structure Gap: The Role of Public-Private Partnerships," Deloitte Touche Tohm-atsu Limited, 2006, 6, www.deloitte. com/assets/Dcom-UnitedStates/ Local%20Assets/Documents/us_ps_ ClosingInfrastructureGap2006(1).pdf (accessed January 4, 2013).

20. Ibid., 22.

21. Ibid., 11.

22. Kathleen Brown, "Are Public–Private Transactions the Future of Infrastruc-ture Finance?" *Public Works Manage-ment & Policy* 12, no. 1 (2007): 324.

23. Ibid.

24. Chu-Wei Chen and Djordje Soric, "Pension Fund Direct Investments in Infrastructure," *Global Infrastructure* 2 (Winter 2012): 107.

25. Clancy Yeates, "US Pension Funds Circle Australian Infrastructure," *Sydney Morning Herald*, December 10, 2012, www.smh.com.au/business/us-pension-funds-circle-australian-infrastructure-20121209-2b3ih.html.

26. Ibid.

27. Clinton Global Initiative, "NYC Teacher Pension Fund Pledges $1 Billion to Investments in Post-Sandy Reconstruction and Other Critical Infrastructure" (press release, December 13, 2012), http://press.clintonglobalinitiative .org/press_releases/nyc-teacher-pension-fund-pledges-1-billion-to-investments-in-post-sandy-reconstruction-and-other-critical-infrastructure/.

28. Emilia Istrate and Robert Puentes, "Moving Forward on Public-Private Partnerships: U.S. and International Experience with PPP Units," Brookings-Rockefeller Project on State and Metropolitan Innovation, December 2011, www.brookings.edu/~/media/research/files/papers/2011/12/08%20transportation%20istrate%20puentes/1208_transportation_istrate_puentes.pdf.

29. Ibid., 10.

30. For California Criteria, see: www.ibank.ca.gov/res/docs/pdfs/01-29-08_BoardApprovedCriteria.pdf; for Chicago Principles, see: www.shapechicago.org/about/operational-principles/.

31. EcoDistricts, www.ecodistricts.org (accessed March 1, 2013).

32. Living City Block, "What We Do," www.livingcityblock.org/what-we-do/ (accessed March 1, 2013).

33. Ken Berlin, Reed Hundt, Mark Muro, and Devashree Saha, "State Clean Energy Finance Banks: New Investment Facilities for Clean Energy Deployment" (Washington, DC: Brookings-Rockefeller, 2012), 1, www.brookings.edu/research/papers/2012/09/12-state-energy-investment-muro.

34. "DSIRE Database of State Incentives for Renewables & Efficiency," www.dsireusa.org (accessed February 5, 2013).

35. John P. Banks et al., "Assessing the Role of Distributed Power Systems in the U.S. Power Sector" (Washington, DC: Brookings-Hoover, October 2011), 47, www.brookings.edu/~/media/research/files/papers/2011/10/distributed%20power%20systems/10_distributed_power_systems.pdf.

36. Peter Rothberg, "The Path to Progress: Ending Fossil Fuel Subsidies," Nation, May 18, 2012.

37. Ken Silverstein, "California's Carbon Caps Are Contentious but Coming," Forbes, July 31, 2012.

38. Bloomberg New Energy Finance, "Crossing the Valley of Death—Solutions to the Next-Generation Clean Energy Project Financing G," Clean Energy Group, June 21, 2010, 8.

39. Ibid., 13.

40. "Connecticut House Bill No. 7432—An Act Concerning Electricity and Energy Efficiency: Sec. 21(1)," January 2007.

41. Ohio has the Northeast Ohio Public Energy Council, a 118-city program. Other examples of CCAs include one in Massachusetts servicing 21 towns and also a consortium of 36 cities forming the Rhode Island League of Cities and Towns. See: Local Government Commission, Sacramento, CA, "Community Choice Aggregation," 3, 2013, www.lgc.org/cca/docs/cca_energy_factsheet.pdf (accessed February 5).

42. Clean Energy Finance and Investment Authority, "Clean Energy Financial Inno-

vation Program," www.ctcleanenergy. com/YourHome/CleanEnergyFinancial InnovationProgram/tabid/624/Default. aspx.

43. Berlin et al., "State Clean Energy Finance Banks."

44. District Energy St. Paul, "History," www. districtenergy.com/inside-district-energy/history/. See also: Maui Smart Grid Project, www.mauismartgrid.com; and Austin Energy Smart Grid Program, www.austinenergy.com/about%20us/ company%20profile/smartGrid/.

45. Valerie I. Nelson, "A Soft-Path Water Paradigm Shift: Federal Policies to Advance Decentralized and Integrated Water Resources Infrastructure," Coalition for Alternative Wastewater Treatment of Gloucester, Massachusetts, 2007.

46. National League of Cities, "Water Infrastructure Financing: Overview of Water Infrastructure Needs," www.nlc.org/ influence-federal-policy/advocacy/ legislative-advocacy/water-infrastructure-financing.

47. US Government Accountability Office, *Water Infrastructure: Approaches and Issues for Financing Drinking Water and Wastewater Infrastructure*, GAO-13-451T (testimony before the Subcommittee on Interior, Environment, and Related Agencies, Committee on Appropriations, House of Representatives, Washington, DC, July 2001), www.gao.gov/ assets/660/652976.pdf.

48. Nelson, "A Soft-Path Water Paradigm Shift," 62.

49. Ibid., 57.

50. US Environmental Protection Agency, "The Clean Water State Revolving Fund: Decentralized Systems—Developing Partnerships to Broaden Opportunities," EPA-832-F-12-028, June 2012, http://water.epa.gov/grants_funding/ cwsrf/upload/CWSRF-GPR-Fact-Sheet-Decentralized-Systems.pdf.

51. Association of California Water Agencies, "Bill in Congress Seeks Alternative Financing for Regional Water Projects," February 19, 2013, www.acwa.com/ news/water-news/bill-congress-seeks-alternative-financing-regional-water-projects.

52. Nelson, "A Soft-Path Water Paradigm Shift," 60.

53. A US EPA program advancing technology transfer of various decentralized wastewater treatment options.

54. Trevor Clements, "Sustainable Water Resources Management: Case Studies on New Water Paradigm," vol. 3 (final report, Electric Power Research Institute, 2010), 6.

55. P. Lynn Scarlett and James Boyd, "Ecosystem Services: Quantification, Policy Applications, and Current Federal Capabilities" (discussion paper, Resources for the Future, 2011).

56. National Association of Clean Water Agencies, Water Environment Research Foundation, Water Environment Federation, "The Water Resources Utility of the Future: A Blueprint for Action," 2013, 1, www.nacwa.org/images/stories/ public/2013-01-31waterresources utilityofthefuture-final.pdf (accessed July 24, 2013).

57. Roger E. Kasperson, Dominic Golding, and Seth Tuler, "Social Distrust as a Factor in Siting Hazardous Facilities and

Communicating Risks," *Journal of Social Issues* 48, no. 4 (1992): 161–87.

58. Richard G. Kuhn and Kevin R. Ballard, "Canadian Innovations in Siting Hazardous Waste Management Facilities," *Environmental Management* 22, no. 4 (1998): 536.

59. Chris Zeiss and James Atwater, "Waste Facilities in Residential Communities: Impacts and Acceptance," *Journal of Urban Planning and Development* 113, no. 1 (1987): 28.

60. Patricia E. Salkin and Amy Lavine. "Understanding Community Benefits Agreements: Equitable Development, Social Justice, and Other Considerations for Developers, Municipalities, and Community Organizations," *Journal of Environmental Law* 26 (2008): 324.

61. Mark Gerencser, Reginald Van Lee, Fernando Napolitano, and Christopher Kelly, *Megacommunities: How Leaders of Government, Business, and Non-Profits Can Tackle Today's Global Challenges Together* (New York: Palgrave/Macmillan, 2008).

62. US Green Building Council's LEED for Neighborhood Development; ICLEI's Community Star Program.

63. Richard G. Little, "Holistic Strategy for Urban Security," *Journal of Infrastructure Systems* 10, no. 2 (2004): 52–59.

64. Joel B. Smith, Jason M. Vogel, Terri L. Cruce, Stephen Seidel, and Heather A. Holsinger, "Adapting to Climate Change: A Call for Federal Leadership," Pew Center on Global Climate Change (2010), 24.

65. CSA Group, "CSA Group to Develop Four New Standards Addressing Climate Change Impact in Canada's Far North on Behalf of Standards Council of Canada," November 14, 2012, www.csa.ca/cm/ca/en/news/article/csa-to-develop-four-new-standards-addressing-climate-change-impact-in-canadas-far-north. See also: Ian Burton, "Moving Forward on Adaptation," in *From Impacts to Adaptation: Canada in a Changing Climate*, ed. D. S. Lemmen, F. J. Warren, J. Lacroix, and E. Bush (Ottawa, ON: Government of Canada, 2008), 431.

66. Maria Galluchi, "6 of the World's Most Extensive Climate Adaptation Plans," *InsideClimate News*, June 20, 2103, www.insideclimatenews.org/news/20130620/6-worlds-most-extensive-climate-adaptation-plans (accessed June 24, 2013).

67. Barry Bergdoll, "Rising Currents: Looking Back and Next Steps," Museum of Modern Art, blog posting, November 1, 2010, www.moma.org/explore/inside_out/2010/11/01/rising-currents-looking-back-and-next-steps (accessed June 1, 2013).